PERFECT PET OWNER'S GUIDES

飼い方の基本から
コミュニケーションまで
わかる

デグー
完全飼育

著——大野瑞絵
監修——三輪恭嗣 みわエキゾチック動物病院院長
写真——井川俊彦

SEIBUNDO
SHINKOSHA

目次

はじめに..........010

Chapter 1　はじめまして、デグー　011

デグーの基礎知識..........012
デグーってどんな動物?..........012
野生デグーの暮らし..........013

げっ歯目ってどんなもの?..........015
世界中にいるげっ歯目の仲間..........015
バラエティに富むげっ歯目の動物たち..........016

南米の仲間たち..........017

コラム
似ているけど違うデグーとネズミとリス..........018

Chapter 2　デグーを飼う前に　019

デグーを迎える心がまえ..........020
デグーは魅力いっぱいの小動物..........020
世話をする時間はありますか?..........020
経済的な余裕はありますか?..........021
個性を愛せますか?..........021

デグーを飼うとき考えておきたいこと..........022
「こんなときどうする?」を考えておこう..........022
「エキゾチックペット」だということを理解しておこう..........024

デグーと法律..........025
動物愛護管理法..........025

デグーを飼えますか？チェックリスト..........027

コラム
デグー飼育の原則　環境エンリッチメント..........028

Chapter 3　デグーを迎えよう　029

どんな子を迎えるか..........030
個体の選び方..........030

どこから迎えるか..........032
ペットショップ..........032
インターネット販売の注意点..........032
そのほかの方法..........033

デグーのカラーバリエーション..........034

健康な個体選び..........036

コラム
情報を集めて広がる Happy Degu Life..........038

Chapter 4　デグーの住まい　039

住まいの基本……040
デグーの習性と住まい……040
安全かどうかを考えよう……041
まだ少ない「デグー専用」……041

ケージの準備……042
必要なのは「広さ」……042
ケージの大きさ……042

基本の飼育グッズ……044
寝床（巣箱＆ハンモック）……044
ステージ、ロフト、止まり木……045
食器類（食器、給水ボトル、牧草フィーダー）……046
砂浴びグッズ（容器、砂）……047

回し車……048
おもちゃ（かじりグッズ）……048
床材類（床材・マットなど）……049

そのほかの生活グッズ……050

ケージレイアウト……052
ステージ類を上手に使おう……052

ケージの置き場所……053
快適な場所にケージを置こう……053

コラム
デグー写真館Part1……054

Chapter 5　デグーの食　055

デグーの「食」を考える前に……056
野生のデグーはなにを食べている？……056
わが家のデグーになにを食べさせる？……057

栄養の基本……058
食べ物で体は作られる……058
栄養素の働き……058
デグーとビタミンC……059
デグーと糖質……059

デグーに与える食事メニューの基本……060
主食は牧草とペレット……060

デグーの主食・牧草……062
どうして牧草がよいの？……062
牧草の種類……062
牧草の選び方……064
牧草の与え方……064

ペレットの位置付け……066
ペレットとはどんなもの？……066

ペレットの選び方……068
ペレットの与え方……069

デグーの副食……070
野菜……070
野草……072
ハーブ……073
そのほかの食材……074

食生活のプラスアルファ……075
デグーに与えてはいけないもの……075
飲み水……076
サプリメント……076
デグーとおやつ……077
食べ物の保存方法……078
ペレットの切り替え……078

食にまつわるお悩み……079

コラム
デグー写真館Part2……080

Chapter 6　デグーとの暮らし　081

デグーを迎えたら……082
- デグーを迎えるときまでに……082
- デグーがわが家にやってきた……082
- デグーとの接し方……084
- デグーの抱き上げ方……085

デグーの室内散歩……086
- 室内散歩のすすめ……086
- 室内散歩の注意点……087

デグーの世話……088
- 大切な日々の世話……088
- 毎日の世話……088
- 毎日の健康チェック……090

- デグーと砂浴び……091
- デグーのお手入れ……092
- 寒さ対策……093
- 暑さ対策……094
- デグーの留守番……095
- デグーとお出かけ……096

デグーの多頭飼育……097
- デグーと多頭飼育……097
- 同居の手順……098
- 多頭飼育の注意点……099

コラム
- デグー写真館Part3……100

Chapter 7　デグーと遊ぶ　101

デグーと遊ぶ前に……102
- デグーと人とのコミュニケーション……102
- デグーの感覚を理解しよう……104
- デグーのボディランゲージ……106

デグーの音声コミュニケーション……108
- デグーの鳴き声のしくみをさぐる……108
- 鳴き声の意味……110

デグーの能力……112
- 道具を使うデグー……112
- トレーニングの基本……113
- デグーとアジリティ……114
- デグーの能力、ご披露します……116

コラム
- トレーニングでより親密に！
  - 芸達者なあずきちゃん……118

Chapter 8　デグーの繁殖　119

繁殖の前に……120
- 命を迎える責任……120
- 具体的なポイント……120
- デグーの繁殖生理……122

繁殖の手順と気をつけること……124
1. 繁殖させる個体……124
2. お見合い……124
3. 求愛から交尾まで……125
4. 妊娠・出産……126
5. 子育てと成長過程……128
6. 離乳……129

- 赤ちゃんデグー、生まれて育つ様子をWatch！……130
- 繁殖にまつわる注意点……132

コラム
- デグー写真館Part4……134

Chapter 9　デグーと健康　135

デグーの健康のために………136
日々の積み重ねが健康の秘訣………136
かかりつけの動物病院を見つけよう………137
ペット貯金のすすめ………137

デグーの体を知ろう………138
デグーの歯を知ろう………140
健康チェックのポイント………141

デグーの病気を知ろう………142
わからないことも多いデグーの病気………142
病気の原因を考えてみよう………142
歯の病気………143
内分泌の病気………146
呼吸器の病気………148

皮膚の病気………150
消化器の病気………153
外傷………156
そのほかの病気………159
人と動物の共通感染症………168
アレルギーについて………170

デグーの看護………171
デグーの看護………171
高齢デグーの世話………173

デグーの病気早見表………176

コラム
デグーとのお別れ………178

Chapter 10　もっとデグー　179

デグーが人と関わるようになって………180
デグーと人々との出会い………180

デグーと防災………182
災害の多い国でデグーを飼うということ………182

デグーの防災を考える座談会レポート!!………184
緊急時にどう備えるか?!………184

デグー雑貨コレクション………187
デグーに会える動物園………188
参考文献………189

写真提供・撮影・取材協力者………191

Wild Degu

南米大陸のチリ、アンデス山脈の高地がデグーの故郷！

昼間に活動するデグー

デグーの棲んでいる巣穴

ゴツゴツした岩場もデグーのホームグラウンド

表情の豊かなデグー

Family Degu

日本でも、ただいま人気急上昇中!

なにかあるぞ

・ ・ ・ ・ ・ テクテク

はじめに

　ここ数年で人気急上昇中のデグー。かわいいうえに賢くて、人とのコミュニケーションもしっかりとれるとても魅力的な小動物です。そんなデグーとの暮らしをサポートする、日本で最初の飼育書をお届けできることをとても幸せに思っています。

　わからないこともまだたくさんある動物ですが、この本では、獣医師の三輪恭嗣先生にご監修いただき、また、時本楠緒子先生、デグー防災ネットワークの方々にご協力いただきながら、現時点でベストだと考えられる情報を掲載しています。この本で紹介している情報を土台に新たな知見が蓄積されていくことを願っています。

　この本が、皆さんとデグーの暮らしをよりよいものにするために、そして絆と愛情をますます深める助けとなりますように。

　制作にあたって力を貸していただいた編集者の前迫明子さん、カメラマンの井川俊彦さん、イラストレーターの大平いづみさん、デザイナーの鈴木朋子さん、そして誠文堂新光社の今泉瑠衣子さんに感謝申し上げます。

大野瑞絵

PERFECT
PET
OWNER'S
GUIDES

Chapter 1

はじめまして、デグー

デグーの基礎知識

Chapter 1
はじめまして、デグー

デグーってどんな動物?

デグーは、南米大陸のチリに生息するげっ歯目の仲間です。

南北に長いチリの中部から北部にかけて(北はバエナル、南はクリコにかけて)、アンデス山脈の西側斜面に住んでいます。

「アンデス山脈」というイメージから、時として非常に標高の高い場所に暮らすと思われることがありますが、実際には標高1,200mほどで、日本では草津温泉(群馬県)が同じくらいの標高にあります。

デグーが生息するのは、草地や低木、茂み、草の生えていない地面、岩場で覆われた半乾燥地帯で、夏は暑く乾燥し、冬は寒くて雨が多い場所です。気温は冬には0℃、夏には40℃になることもあります。

天敵として猛禽類のワシノスリ、メンフクロウ、コミミズクや肉食獣のクルペオギツネ、チコハイイロギツネなどがいます。

野生下での暮らしは厳しく、その多くが2年目を迎えられないという研究もあります。

デグーの仲間

デグーに最も近縁なデグー属にはデグーを含め4種が存在します。デグーのほか、チリデグー(*Octodon bridgesii*)、ペルーデグー(*Octodons lunatus*)と、モカデグー(*Octodon pacificus*)です。デグーに亜種は知られていません。

Topics
生息地は南米チリのアンデス高原

日本から見ると地球の裏側にあたる南米大陸。北部には世界最大の熱帯雨林アマゾンがあります。チリ(チリ共和国)は南米大陸の太平洋側にある国で、面積は日本の2倍ほど。日本と同じように火山国です。モアイ像のあるイースター島はチリの領土です。気候は日本とは逆で、チリでは6月から8月が冬、12月から3月が夏です。

デグーは、険しい岩場の中でも器用に走り回ることができる
©L. Michael Romero

野生デグーの暮らし

群れの構成

　デグーは高度な社会性をもつ動物です。家族単位で群れを作って暮らしています。

　群れは1〜2匹のオスと2〜5匹のメスからなります(「オス1匹、メス1〜3匹」「2〜5匹の大人と5〜10匹の若者」とする資料もあり)。また、つがいにならないオスだけの小さな群れもあるといいます。オスは家族やなわばりを守ろうとします。群れのメンバーはにおいによって仲間を認識したり、自分たちのなわばりを主張します。小さな群れのなわばりでも平均400〜7,100㎡あります。

　群れで暮らすことで、周囲への警戒に目を増やすことができますし、寒い冬には一緒にいることで暖かさを保つこともできます。

野生のデグーが棲む大地
©Carolyn Bauer

©L. Michael Romero

巣穴から顔を出したデグー

生活時間帯

デグーは昼行性ですが、常に昼間しか活動しないのではなく、寒い時期には暖かい日中に活動し、暑い時期になると、夕方や朝といったまだ涼しく薄暗い時間帯に活動します。なかには夜に活動するものもいるという報告もあります。

巣穴

デグーの住まいは地下にあります。15～60cmの深さに掘られた長さ2m、直径8～10cmのトンネルの中に、寝床や子育て部屋、冬場には食べ物を保存するのに使われる部屋など、いくつかの部屋に分かれています。

巣穴の出入り口はいくつかあり、縄張りを示すために小石や木の枝で作ったマウンドが作られています。開口部は牛糞や木の枝でおおわれていることもあります。

巣穴は天敵から逃れるために逃げ込み、厳しい気候から避難するための大切な場所でもあります。

食性

デグーは1日の多くの時間を巣穴から出て、食べ物を探して過ごしています。

イネ科の植物やイネ科以外の植物の葉や種子、根、低木の葉や種子、樹皮などさまざまな植物を食べています。(56ページ参照)

繁殖

野生下では、年に1回の出産が普通です。晩秋に交尾し、晩冬から早春にかけて出産します。妊娠期間は平均90日間(86～93日)で、平均して1回に6匹ほどを生みます。(122ページ参照)

調査・研究のために、発信機が取り付けられた個体
©Chuong Le

げっ歯目ってどんなもの？

Chapter 1 はじめまして、デグー

世界中にいる げっ歯目の仲間

デグーは哺乳類のなかの「げっ歯目（ネズミ目）」に属しています。

げっ歯目は「最も成功した動物」といわれることもあり、すべての哺乳類のうち40％近くを占めています。世界中のほとんどすべての場所に生息しています。特にクマネズミやハツカネズミなどは世界中に広がっています。

右の分類は近年のものですが、よりなじみ深いのは「ネズミ亜目」「リス亜目」「テンジクネズミ亜目（ヤマアラシ亜目）」という3つに分ける分類でしょう。ネズミ亜目にはマウスやラット、ハムスター、スナネズミなどが、リス亜目にはシマリスやモモンガ、プレーリードッグなどが、テンジクネズミ亜目にはデグーのほかにチンチラ、モルモット、カピバラなどがいます。

表　デグーと仲間の分類

- げっ歯目
  - リス亜目
    - リス科
      - リス亜科
        - リス族（シマリス、キタリスなど）
        - モモンガ族（ムササビ、タイリクモモンガなど）
    - ヤマネ科 — ヤマネ亜科（ニホンヤマネ、オオヤマネなど）
  - ビーバー亜目
    - ビーバー科（アメリカビーバー）
  - ネズミ亜目
    - キヌゲネズミ科（ゴールデンハムスターなど）
    - ネズミ科（ハツカネズミ、ドブネズミ、スナネズミなど）
  - テンジクネズミ亜目（ヤマアラシ亜目）
    - デバネズミ科（ハダカデバネズミ）
    - ヤマアラシ科（ケープタテガミヤマアラシなど）
    - チンチラ科（チンチラなど）
    - テンジクネズミ科（モルモット、マーラ、カピバラなど）
    - **デグー科（デグーなど）**
    - チンチラネズミ科（ヤブチンチラネズミなど）
    - ヌートリア科（ヌートリア）

※代表的な種類を抜粋しています
Mammal Species of the World: A Taxonomic and Geographic Reference より

デグーと同じ巣を時間帯で棲み分けるヤブチンチラネズミ

Topics

デグーと同居するヤブチンチラネズミ

ヤブチンチラネズミ（*Abrocoma bennettii*）は体長195〜250mm、体重はオス225g、メス300gのげっ歯目です。ヤブチンチラネズミはデグーと同じ巣を共有して使っていることで知られています。ヤブチンチラネズミは夜行性なので、デグーが外に出ている日中に眠り、デグーが戻ってくる夜間に活動しています。生活時間帯の異なる動物と一緒に暮らすメリットには、周囲を1日中、警戒していられるということがあります。この2種の子どもが一緒に混ざって育てられているところも観察されています。

バラエティに富む
げっ歯目の動物たち

　げっ歯目の最大の特徴は「歯」です。のみ状の切歯は鋭く、生涯にわたって伸び続けます。デグーやチンチラ、モルモットなどの草食性の種類では、臼歯も伸び続けます。

　げっ歯目は適応性が高く、極寒の極北から暑い砂漠まで、地球上のさまざまな環境に合わせた暮らし方をしています。

　デグーのように地下にトンネルを掘る種類には、プレーリードッグやハムスターなどがいます。リスは樹上で、デバネズミはずっと地下で暮らします。マスクラットはほとんど水の中で生活します。木をかじって倒し、川にダムや巣を作るビーバー、飛膜を広げて滑空して移動するモモンガやムササビ、冬になると冬眠するヤマネやシマリス、大きな頬袋をもち、食べ物を入れて運ぶことができるハムスターなど、バラエティに富んだ特徴ある生態を見ることができます。

　「ネズミ」と多くの人が聞いて思い浮かべる姿がげっ歯目の典型的な姿ですが、外見のバリエーションも多様で、体のサイズを見てみると体重6gのコビトハツカネズミから66kgにもなるカピバラまで大きな幅があります。しっぽに注目してみると、長くふわふわしたしっぽをもっているのはリスの仲間。ネズミの仲間の多くは毛のないしっぽをしています。モモンガのしっぽは平たく、滑空するさいに舵の代わりをすることもあります。ビーバーのしっぽも平たく、水中を速く泳ぐのを助けています。かと思えば、ハムスターの仲間のしっぽは短いことが多く、モルモットにいたってはしっぽがほとんどありません。

　このようにげっ歯目の動物たちはそれぞれの魅力で、私たちげっ歯目好きを楽しませてくれます。

ゴールデンハムスター

オグロプレーリードッグ

アメリカモモンガ

Chapter 1
はじめまして、
デグー

南米の仲間たち

デグーの出身地、南米にはユニークなげっ歯目がたくさん生息しています。
ここで紹介するのは皆、テンジクネズミ亜目に属する種類です。

カピバラ(*Hydrochoerus hydrochaeris*)
ブラジル、ウルグアイ、ベネズエラなど南米大陸に広く生息。水辺の茂みなどで群れを作って暮らしています。1つのグループは10匹ほどですが、乾季の水辺では大きな群れになることも。手足には水かきがあります。オスの鼻の上にはモリージョと呼ばれる分泌腺があって、メスを惹きつけるために周囲の木などににおいをつけます。体重35〜66kg、体高60cm、体長120cmほど。

チンチラ(*Chinchilla lanigera*)
標高3,000〜5,000mの高地に生息します。豊かで美しい被毛をもち、かつてはそのために乱獲されました。野生下では絶滅の危機にあり、チリ北部にのみ生息しているとされます。一夫一婦制で、100匹以上がコロニーを作って住んでいるのが知られています。ペットとして飼われているチンチラはすべて、飼育下繁殖されたものです。体重500〜800g、体長22.5〜38cm、尾長7.5〜15cm。

マーラ(*Dolichotis patagonum*)
アルゼンチンの固有種で、ステップ地域に生息しています。長い手足をもち、外見はまるで子鹿かウサギのようです。一夫一婦制でペアの絆は強く、ほかのペアと距離をとって暮らしますが、食べ物が豊富なときには100匹もが集まったり、繁殖期には何ペアもが集まって同じ巣穴で子育てをします。体重平均約8kg、体長約60〜80cm。

パンパステンジクネズミ(*Cavia aperea*)
アルゼンチン、ウルグアイ、ブラジルや、コロンビア、ベネズエラなどのパンパスと呼ばれる草原地帯に主に生息しています。1匹のオスと2〜3匹のメス、そして子どもたちからなる群れを作って暮らします。パンパステンジクネズミは、モルモットの原種の1つと考えられています。体重約500〜800g、体長約20〜30cm。

似ているけど違う
デグーとネズミとリス

ネズミやないで

デグー

　デグーを初めて見たとき、「ネズミかな?」と思う人は多いかもしれませんね。リスのなかにもちょっとデグー似がいたりします。みんなげっ歯目ですから仲間なのですが、詳しく見ていくと亜目のレベルでは違う種類ですし、適した環境や食べ物もそれぞれ違っています。

　特にデグーは、その外見からかネズミの仲間と思われがちで、「デグーマウス」という間違った名前で販売されていたことがありました。名前の間違いだけでなく、マウス・ラット用フード、ハムスター用フードで飼われるという間違いが起きていたのはデグーにとって不幸なことでした。デグーは完全な草食動物で、ネズミたちは雑食性。同じ食べ物では健康に飼うことはできないのです。

　また、樹上性のリスに似ていても、デグーは地上と地下で暮らす動物なので、生活環境もまったく違います。

　かわいい!　という点ではみんな同じですが、種ごとの違いをしっかり見きわめて飼うことが彼らの健康のためであり、飼う楽しみでもあるのです。

そっくりやな

シマリス

でも違うねんで

ラット

PERFECT
PET
OWNER'S
GUIDES

Chapter 2

デグーを
飼う前に

デグーを迎える心がまえ

Chapter 2
デグーを飼う前に

デグーは魅力いっぱいの小動物

デグーは、さまざまな魅力にあふれた小動物です。かわいいのはもちろん、賢くて好奇心旺盛、器用でいたずら好き。そのしぐさはいつも私たちを楽しませてくれます。コミュニケーション能力が高いことも、デグーが愛されるゆえんでしょう。いろいろな鳴き声で自己主張したり甘えてきたりするので、デグーのいる日々はとてもにぎやかで、楽しいものになります。なでると気持ちよさそうにしてくれる姿にはとても癒されます。

手の上に乗るほどの小さな生き物なのに、大きな存在感をもつデグー。家族に迎えたい、と思うなら、どうか最後まで一緒に暮らす覚悟をしてください。

世話をする時間はありますか?

ペットのデグーは、飼い主が世話をしないと生きていくことができません。安易に衝動買いせず、「本当に飼えるのか?」を最初によく考えてください。

飼ったら絶対に必要なのは、毎日の世話です。ケージ掃除や食事の準備を、たとえ疲れていてもやらなくてはなりません。デグーはトイレを覚えないことが多いので、掃除の手間もかかります。病気になれば看護が必要です。

なによりデグーはひとりぼっちが苦手な動物です。もし1匹だけで飼うのなら、飼い主が仲間としてコミュニケーションをとってあげる必要があります。

実際にデグーを飼った状況を想像してみて

経済的な余裕は
ありますか?

　デグーを飼うのにはお金がかかります。飼い始めるときには、デグーそのものを迎える費用と、ケージなどの飼育グッズの購入費用がかかります。

　それだけではありません。デグーと暮らす毎日を長いスパンで想像してみてください。ものをよくかじるのでグッズを頻繁に買い換える必要があるでしょう。牧草をたくさん食べるので、食費も安くはありません。

　冷暖房も必須ですから、電気代が高くなることは覚悟が必要です。旅行などで家を空けるなら、デグーの世話をしてもらう先を探さなくてはなりません。

　また、健康のためには定期的に健康診断を受けるといいですし、病気になれば高額な治療費がかかる場合もあります。

実際にデグーを飼った状況を想像してみて

個性を愛せますか?

　デグーは一般に慣れやすいといわれていますが、すべてのデグーが同じように慣れるわけではありません。人と一緒で個性はさまざま。いろいろな子がいることを受け入れられるでしょうか。

　もし、迎えたデグーがなかなか心を開いてくれなかったとしても、その子の個性として愛していけるでしょうか。

デグーを飼うとき考えておきたいこと

「こんなときどうする?」を考えておこう

自分の暮らしが変化するとき

　デグーの寿命は7〜10年、なかにはもっと長生きしてくれる個体もいます。デグーと暮らす歳月の間には、飼い主のライフスタイルが変化することもあるでしょう。結婚するとき、デグーを一緒に連れていけますか？　出産しても、デグーの世話を続けていけますか？　進学や就職、転職などで実家から離れたり、引っ越しをすることもあるでしょう。そんなときにもデグーを飼い続けることができるでしょうか？

自分で世話ができないとき

　体調がとても悪いとき、どうしても家を離れなくてはならないときなど、どうしても自分で世話ができないときはどうすればよいのかを考えてみましょう。

　家族と一緒に暮らしているなら、家族に世話を頼むことができます。そのようなときのためにも、デグーを飼うときには家族の同意を必ずもらっておくことが必要になります。

　また、ちょっとしたことで頼るのはよくないですが、どうしようもないときには世話をお願いできる知人を決めておくのも、万が一のときのリスク管理になります。

アレルギーをもっているとき

　デグーが原因で動物アレルギーを発症することがあります(170ページ参照)。飼い始めてから発症しても、工夫して世話を続けることはできますが、ひどいアレルギーなら手放さなくてはならなくなります。

　デグーは検査項目にないので事前に調べることはできませんが、もともとなんらかのアレルギーをもっているような場合は、迎えるときに慎重になったほうがよいでしょう。

お子さんがいるとき

　動物を飼うことが情操教育になるといわれますが、日々、責任と愛情をもって世話をする大人の姿があってこそではないかと考えます。家族のなかに小さな子どもがいるときは、常に大人が監督し、指導することが必要になります。

　小さな生き物にも豊かな感情があり、嫌なことをすれば怒る（引っかいたり、噛みついたりする）ことを教えてあげてください。デグーが本気で噛みつけば、小さな子どもは大ケガをしかねません。無理につかもうとしたり、追いかけたり、しっぽを持ったりしないよう指導してください。デグーを抱くときには必ず床に座らせるようにしましょう。

　また、毎日の世話を子ども任せにすることなく、大人が主導して行ってください。

ほかの動物がいるとき

　犬や猫、フェレットなどの捕食動物（動物を餌として捕える動物）がいるなら、デグーの飼育はおすすめできません。

　デグーは、私たちよりはるかに嗅覚がすぐれていますから、見えない場所にいてもにおいを感じ、恐怖や不安を感じるでしょう。どうしてもデグーを迎えることになった場合には、別の部屋で飼うなどして、決して遭遇しないようにしてください。デグーがケージに入っているといっても、飼い主は安心してはいけません。また、捕食動物側の立場で考えても、ちょっかいを出したい小動物がいるのに、なにもできないのはストレスかもしれません。

　デグーのケージをウサギやハムスターなどのケージと同じ部屋に置くこと自体に問題はありませんが、ハムスターが夜中に回し車を回す音がデグーにとってはうるさいなど、生活パターンの違いや、適温の違いなどもありますから、同じ部屋にケージを設置したい動物たちについては事前によく調べておくようにしましょう。

飼い主も群れ（家族）の一員です。

デグーのしぐさは愛らしさ満点！

「エキゾチックペット」だということを理解しておこう

調べ、考えるということ

　デグーはエキゾチックペット（犬猫以外の小動物の総称）の一種です。近年ではこうしたエキゾチックペット専用の飼育グッズやフードも増えてきましたが、「○○専用」とうたっているもののすべてが完全なものとは限りません。エキゾチックペットの飼い主には、その動物がどんな習性や生理をもち、どんな飼い方をすればいいのかを調べ、考えることが欠かせません。新たに判明することもあり、それまで信じられていた飼育方法が実は違っていた、ということもあります。デグーを飼うなら、常に情報収集をし、どう飼うのがベストなのか考えることをいとわないでください。

診てもらえる動物病院を見つけること

　動物病院はたくさんありますが、「動物」と名前がついていてもすべての動物を診てもらえるとは限りません。デグーはエキゾチックペットのなかでも最近になって飼われるようになった種類なので、なおさら、動物病院探しには苦労する可能性があります。デグーを飼うなら、まずは診てもらえる動物病院を探しましょう。（137ページ参照）

DEGU デグー・アンケート　Part 1

デグーを飼っている65名の方に飼育アンケートへ答えて頂きました。
皆さんが飼っているデグー175匹（亡くなった個体も含む）の貴重な飼育経験を発表します!!

ケガ・トラブル 編

どの部分に、トラブルが起こりましたか？

- 1位　歯　17
  - ■不正咬合15
  - ■切歯を折る2
- 2位　足　15
  - ■ねんざ8
  - ■骨折2
  - ■爪はがれ2
  - ■小指を切断1
  - ■噛まれる1
  - ■脱臼1
- 3位　しっぽ　10
  - ■しっぽが切れた5
  - ■しっぽの毛がむける1
  - ■しっぽを噛んでしまう1
  - ■ほかのデグーに踏まれて腫れる1
  - ■暖房器具でやけど1
  - ■冬場にしっぽの先が壊死1
- 3位　脱毛　10
  - ■真菌性の脱毛4
  - ■毛づくろいされすぎて首に脱毛1
  - ■手の甲に脱毛3
  - ■ももを噛んで脱毛1
  - ■頬に脱毛1
- 5位　ペニス脱　4
- 6位　お腹にガスがたまる　3
- 7位　爪で目を傷つける　2

ほかに、デグーの頭の上にものを落としてしまい、脳しんとうを起こす、敷材（ウッドチップなど）にアレルギーを起こす、高いところから落下して負傷、などがありました。

わぁっ、気をつけよう

デグーと法律

Chapter 2 デグーを飼う前に

動物愛護管理法

人と動物の共生社会を目指して

　動物愛護管理法(動物の愛護及び管理に関する法律)は、1973年に制定された法律です。これまでに何度かの改正が行われ、最近では2019年に法改正が行われました。

　この法律が対象としているのは、ペットの飼い主や業者だけではなく、すべての人々です。基本原則として、動物が命あるものだと認識すること、みだりに動物を虐待することのないようにし、人間と動物との共生社会を目指すこと、動物の習性を理解したうえで適正に扱うことなどが定められています。

飼い主の責任

　飼い主は、その動物の種類や習性に応じた適切な飼育を行い、動物の健康や安全を守るようにし、最後まで責任をもって飼育しなくてはなりません(終生飼養)。また、動物が人に迷惑をかけることのないようにし、動物の脱走を防止することや、みだりな繁殖をさせないことなども定められています。

　また、愛護動物を虐待したり遺棄してはいけないと定められています。虐待とは、動物をみだりに殺したり傷つけたりするだけでなく、必要な世話を怠ることやケガ・病気の治療をしないで放置することなども含まれます。

※愛護動物……牛、馬、ウサギなど動愛法に挙げられているもののほか、人が飼育している哺乳類、鳥類、爬虫類

業者の責任

　第一種動物取扱業者(デグーを販売する場合はこれにあたります)は、動物の健康や安全を守るために、管理の基準を守らなくてはならないとされています。管理の基準には、動物の生理、生態、習性などに適した環境を作ることや適切な食事を与えることなど多くのことが定められています。

　また、動物の販売時には、その動物の現状を直接購入者に見せることと、その動物の特徴や適切な飼育方法を対面で文書によって説明することが定められています。デグーも当然、その対象になりますから、ペットショップやブリーダーから迎える場合には適切な説明を受け、文書を取り交わすようにしてください。

　なお、家庭で繁殖したデグーを里親に出したことがある方は多いかと思いますが、動愛法では、社会性をもって(対象が特定の相手や少数とは限らない場合など)、有償・無償は関係なく、一定以上の頻度または取扱量で(年2回以上または2頭以上)、営利を目的とし

ている場合、第一種動物取扱業の登録が必要と定めています。

詳しくは環境省の動物愛護管理室ホームページをご覧ください。

感染症法

感染症法（感染症の予防及び感染症の患者に対する医療に関する法律）は、感染症発生の予防やまん延の防止、公衆衛生の向上と増進を目的とした法律です。2005年、感染症法に基づく「動物の輸入届出制度」が始まりました。対象動物はげっ歯目、ウサギ目（ナキウサギ科のみ）、その他の陸生哺乳類、鳥類です。げっ歯目であるデグーも対象となっています。これらの動物を輸入するにあたっては、衛生証明書などを検疫所に提出し、受理されなくてはなりません。げっ歯目の場合、輸出時に「ペスト、狂犬病、サル痘、腎症候性出血熱、ハンタウイルス肺症候群、野兎病、レプトスピラ症」の症状がないことなどを衛生証明書で証明しています。

個人で海外からデグーを輸入しようというときには関係のある法律です。

外来生物法

外来生物とは、もともと日本にいなかった生物が、人の活動によってほかの地域から入ってきたもののことをいいます。南米の動物であるデグーも外来生物の1つです。

外来生物法（特定外来生物による生態系等に係る被害の防止に関する法律）は、特定外来生物による生態系への被害、農林水産業への被害、人の生命や身体への被害などを防ぎ、生態系を守ることを目的とした法律です。2005年に制定されました。特定外来生物に指定されると、輸入や飼育、野外に放つことなどが原則禁止とされます。げっ歯目の動物では、ヌートリア、クリハラリス、タイリクモモンガ、トウブハイイロリス、キタリスなどが特定外来生物に指定されています（2015年7月現在）。

また、2015年3月には「我が国の生態系等に被害を及ぼすおそれのある外来種リスト」が公表されました。げっ歯目の動物では特定外来生物のほか、シマリスなどがリストアップされています。

どちらのリストにもデグーは入っていません。しかし、脱走させたり遺棄した結果、デグーが野外に住み着けば、特定外来生物に指定されて飼育禁止、駆除対象になるおそれもあります（デグーはチリでは農業被害を起こす害獣でもあります）。そんなことにならないよう、決して脱走させたり捨てたりせず、終生、責任をもって飼育してください。

頼んだヨ！

※法律は最新のものをご確認ください。

PERFECT PET OWNER'S GUIDES　Chapter 2 デグーを飼う前に

デグーを飼えますか？ チェックリスト

デグーとの暮らしを始めたい！
そう思ったらまずは、
飼えるかどうかチェックしましょう。
幸せなデグーライフのために……

Checklist

- ☐ 家族の一員として迎え、最後まで一緒に暮らす覚悟はありますか？
- ☐ 疲れていても毎日の世話をする時間を作れますか？
- ☐ デグーとコミュニケーションをとることができますか？
- ☐ 日々の飼育費用がかかる覚悟はできていますか？
- ☐ 病気になったときに治療費がかかる覚悟はできていますか？
- ☐ デグーそれぞれの個性を愛することができますか？
- ☐ ライフスタイルが変わっても飼い続けることができますか？
- ☐ 家族の同意を得ていますか？
- ☐ アレルギーをもっているなら慎重に考えられますか？
- ☐ お子さんがいるときは大人が監督できますか？
- ☐ ほかの動物がいる場合の対策は考えていますか？
- ☐ 常に情報収集をし、よい飼い方を考えることができますか？
- ☐ 診てもらえる動物病院を見つけておくことができますか？
- ☐ 逃したり、捨てたりせずに責任をもって飼うことができますか？

デグー飼育の原則
環境エンリッチメント

　環境エンリッチメントとは、動物福祉に基づき、その動物が本来もっている行動レパートリーをできるだけ再現させたり、それぞれの行動が1日のうち、どのくらいの時間を占めているのか、という時間配分を本来のものに近づけることで、動物の身体的、精神的、社会的に健康で豊かな暮らしを実現させよう、という考え方です。

　家庭で飼っているデグーは、穴を掘ったり、砂浴びをしたり、においつけをしたりと、野生下で見られるものと同じような行動をしています。穴掘りや砂浴びができる環境を作ることもまた、環境エンリッチメントの1つです。

　食べ物についても考えてみましょう。野生のデグーは、季節によっては遠くまで食べ物を探しに行くことがあるでしょう。しかしペットのデグーは、なんの苦労をしなくても毎日、十分すぎる食事にありつくことができます。食事の用意をしておかなくてはならないのは当然のことですが、環境エンリッチメントの考え方を取り入れるとすれば、大好物は取り出しにくいところに隠しておき、食べるのに時間がかかるようにするなどの工夫をすることもできるでしょう。

　仲間と一緒に暮らし、ときにはちょっとしたケンカごっこをしたり、グルーミングをし合うことも、デグーにとっては本来の行動レパートリーです。飼育下では相性や繁殖の問題があるので、簡単に「多頭飼育しましょう」とはいえませんが、デグーにとっては、仲間と暮らすのが理想的だということは事実でしょう。

　家庭でペットとして飼うという条件では、できることとできないことがありますし、無理に野生下の暮らしを再現させなくてよい点もあるでしょう。安全に、デグーの健康な暮らしに支障がない範囲のなかで、行動レパートリーの再現を考えてほしいと思います。

PERFECT
PET
OWNER'S
GUIDES

Chapter 3

デグーを迎えよう

どんな子を迎えるか

個体の選び方

性別

デグーを迎える決意ができたら、いよいよ迎えるデグーを選びましょう。

1匹だけ飼う場合には、オスかメスのどちらかを選ぶことになります。

デグーは「性的二型」(生殖器のほかにも外見の違いがあること)で、オスのほうが少し体が大きい傾向にありますが、それ以外には見た目の大きな違いはありません。小型な系統のオスと大柄な系統のメスなら、メスのほうが大きいこともあるかもしれません。

習性としては、オスのほうはなわばりを守る意識が強く、尿でのにおいつけをよくする、よく鳴くなどといわれますが、メスがこうしたことをしないわけではありません。

デグーを使った研究の1つでは、オスとメスとでものの覚え方が違う(オスのほうが迷路を早く覚え、メスのほうが遅いが、繰り返すうちにオスのほうが遅くなる。メスのほうがよく考えて行動するが、オスのほうが場当たり的)という結果があります。

一般にオスのほうが慣れやすいといわれるのは、オスのほうが人は怖くないということをすぐに覚えるからとも考えられます。

また、オスのほうが1匹で飼うストレスが大きいともいわれるので、1匹で飼育をするつもりなら、メスのほうが適しているかもしれません。

頭数

デグー本来の暮らしを考えれば、もしも飼い主がそれを望む場合には、多頭飼育という選択肢を考えることもできるでしょう。オスであれ、メスであれ、最初からきょうだいで飼うことができるなら、一緒に飼うようにするのが望ましいでしょう。

ただし、多頭飼育をする場合、世話や健康チェックの大変さのほかに、デグー同士で仲良くなってしまうので、人に慣れにくい傾向があるということを認識しておく必要があるでしょう。

多頭飼育がよいからといって、血縁関係のない個体を別々に飼ってきて、いきなり一緒にするようなことはしないでください(多頭飼育については97ページ参照)。

1匹だけで飼う場合、社会性の高いデグーを孤独な環境にするのはよいことではありません。デグーが人との暮らしに慣れてきたら、なるべく時間を作って遊んであげることが必要になります。

年齢

　子どものデグーを迎える場合は、母親のもとで離乳までの時期をしっかり過ごし、十分な母乳を飲んでいる子を選ぶとよいでしょう。生後6週を過ぎ、牧草などの食事をきちんと食べられるようになっていることが目安です。

　あまりにも幼過ぎるうちに親から引き離された個体は、親にしてもらうべき世話をきちんと受けていないことが考えられます。また、飼い始めてからの保温などのケアがより重要になります。

　幼いほうが見知らぬものへの警戒心が低いので、人を怖がらず、慣れやすいということはありますが、育ってからでも慣らすことは十分に可能なので、健全に育った子を迎えましょう。

　大人になってから迎える場合でも、デグーは賢いですから、きちんと接することができれば慣れてくれるでしょう。ただし、ペットショップで手荒な扱いを受けていると人への警戒心が強くなってしまい、慣れにくいケースがあります。

時期

　飼育下では一年中繁殖が可能なので、いつでも迎えることができます。迎える側の準備が整っている時期を選びましょう。

　準備の1つは温度管理です。一般に春や秋の穏やかな季節がよいとされますが、気温差も大きいので注意が必要です。場合によっては、夏や冬にしっかりと温度対策ができているときのほうがよいこともあるでしょう。

　飼い主が余裕をもって対応できる時期だということも大切です。迎えてすぐの時期は移動ストレスで体調を崩しやすいですし、ケージレイアウトが危険ではないか、暮らしやすそうかを観察する必要があります。

　自分が忙しくてデグーに目を向けられないような時期ではなく、ある程度余裕のある時期に迎えることをおすすめします。

健康状態

　「目が合った」「ひとめぼれした」などもデグーとの出会い方の1つではありますが、なによりも「健康であること」が一番大切です。36～37ページを参考に、健康な個体を選んでください。

デグーとのよい出会いがありますように！

どこから迎えるか

ペットショップ

　デグーは、ペットショップで購入するのが一般的です。ハムスターやウサギなど、犬猫以外の小動物を販売しているショップで扱っていることが多いでしょう。

　チェコなどから輸入したデグーを販売している場合、国内の繁殖業者から仕入れている場合のほかに、そのショップで繁殖させた個体を販売していることもあります。

　よいショップで、よい個体を選ぶため、いくつかのショップを回ってデグーを見てみるようにしましょう。

よいペットショップ選び

　デグーがショップで暮らしているのは、成長期というとても大切な時期です。健康な体を作るためには適切な食事が与えられていることが必要ですし、乱暴な扱い方をされていないかどうかは人への信頼を育んでもらうために大切なポイントです。

　動物がいるので、店内で多少のにおいがあるのは避けられないですが、ひどいにおいがしたり、ケージ内の排泄物がたまっている、飲み水が汚れているなど、不衛生なショップは避けてください。感染症をもって新しい家庭にやってくれば、病気がほかの動物にうつることもあります。

　また、デグーについての知識をもっているショップなら、個体選びや飼育開始時の準備をアドバイスしてもらうだけでなく、飼い始めてからの心配ごとや悩みなどを相談することも

Point

ペットショップでのチェック項目
健康で元気のよいデグーを選びましょう。

☐ 適切な食事を与えられているか？
☐ 外見は健康そうか？
☐ ケガなどしていないか？
☐ 乱暴に扱っていないか？
☐ 店内は衛生的か？
☐ 店員にデグーについての知識があるか？
☐ 第一種動物取扱業の登録がしてあるか？

できます（病気の心配があるときには、動物病院で診てもらいましょう）。

　そのショップでフードや牧草を購入する予定なら、よく売れていて商品の回転が早いことも重要です。常に新しいものを購入することができるからです。デグーを販売しているペットショップは第一種動物取扱業に登録してあるはずなので、店内に登録証が掲示されていることも確認しましょう。

インターネット販売の注意点

　インターネットのウェブサイトで動物を選べるようになっているペットショップもあります。2013年の動物愛護管理法改正で、「インターネット上だけでやりとりをし、購入する動物を事前に確認することなく宅配便で送って

く る」という形の販売方法は行うことができなくなりました。「対面説明」（業者が購入者に直接、対面して、その動物の特徴や飼育方法などを説明する）と「現物確認」（購入者が飼いたいと思う動物の状態を直接、見て確認すること）が義務化されたからです。

デグーを販売しているショップをネット上で見つけた場合、法律を守った販売方法を行っているかをしっかり確認しましょう。

そのほかの方法

デグーを迎えるそのほかの方法には、ブリーダーから購入する、里親募集に応じるといったものがあります。

ブリーダーも、ペットショップと同様に第一種動物取扱業に該当します。ショップと同様に、適切な環境で飼育管理されているかどうかなどを確認しましょう。離乳まで親やきょうだいと一緒に暮らしている子を迎えられるなら、ブリーダーからの購入もおすすめできます。

里親募集に応じる場合は、有料か無料かの確認、受け渡し方法はどうなるかなどを事前に確認し、トラブルのないように注意しましょう。遺伝性疾患や近親交配の可能性はないかといった点も確認しておくべき点です。

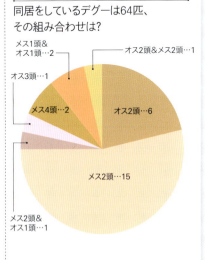

DEGU デグー・アンケート Part 2

飼い主さん65名にお聞きしました。
皆さんが飼っているデグーは175匹（亡くなった個体も含む）です。

ふ～ん、そうなんだ！

入手先 編
お家のデグーはどこからやってきましたか?

- ペットショップ…65
- 自家繁殖…42
- 無回答…29
- ホームセンター…19
- 里親から譲られて…14
- ブリーダーショップ…2
- 友人から譲られて…2
- その他…2

同居 編
同居をしているデグーは64匹、その組み合わせは?

- オス2頭…6
- メス2頭…15
- メス4頭…2
- メス1頭＆オス1頭…2
- オス3頭…1
- オス2頭＆メス2頭…1
- メス2頭＆オス1頭…1

デグーのカラーバリエーション

Chapter 3 デグーを迎えよう

ペットとしての歴史が短いので種類は多くありませんが、デグーにはいくつかのカラーバリエーションが知られています。ここでは、その一部をご紹介しましょう。

アグーチ

　デグーの野生色で、飼育下でも最も一般的な毛色です。「ノーマル」とも呼ばれます。アグーチとは野生色のことで、ウサギやネズミなど、さまざまな動物の野生の毛色のことをいいます。ぱっと見ると茶一色に見えますが、被毛1本ずつを見てみると、茶とグレーの色が帯状になっています。腹部はクリームがかった白い被毛です。

ノーマル（パイド）

　「パイド」とは毛色の名前ではなく、柄の出方のことで、パッチ状にぶち模様が出ることをいいます。写真のデグーは、毛色の名前がノーマル、柄の名前がパイドということになります。このデグーはぶち模様の面積が広いですが、右ページのブルー（パイド）のように部分的にぶち模様が入ることもあります。

そのほかのカラーバリエーション

チンチラやモルモットなどと比べるとデグーのカラーバリエーションは少なく、特に日本で手に入るのはアグーチ、ブルーとそれぞれのパイドくらいです。欧米では、そのほかのカラーバリエーションもあり、海外ではブラック(黒)、サンディ(砂色)、シャンパンアグーチ(アグーチの被毛の根元の色が明るい)、ホワイトなどが紹介されています。

ブルー

　青みがかったグレーの毛色です。被毛1本ずつを見てみるとグレーの一色か、先端に濃い部分があります。「ブルーデグー」と呼ばれることがありますが、デグーのほかに「ブルーデグー」という種類や品種があるわけではありません。毛色が違うだけで、同じ「デグー」です。
　ブルーは1990年代後半にドイツで誕生した毛色で、毛色としてまだ新しいほうです。タイプが2つあり、アグーチのデグーと同じくらいの体格になるものと、アグーチよりも小柄なものがいるともいわれます。

ブルー(パイド)
ブルーの被毛にぶち模様が入っています。

健康な個体選び

ペットショップで気に入ったデグーを見つけたら、健康かどうかを確かめてください。ショップスタッフと一緒に、健康チェックをしてみましょう。

スタッフがデグーを抱こうとするときや、可能なら抱かせてもらうときには、そのデグーがどんな性格なのかも見てみましょう。好奇心旺盛で元気のある子がよいでしょう。

迎えるデグーの性別を決めているなら、生殖器を見て確認します。幼いうちはわかりにくいこともありますが、肛門と生殖器の間が離れているのがオス、近いのがメスです。

オスの生殖器
- 生殖器
- 肛門

メスの生殖器
- 生殖器
- 肛門

しっぽ
◎ 先には長い毛が生えている部分がある　途中で切れたりしていないか

お尻の周り
◎ 下痢便などで汚れていないか

Check!

被毛
- 毛並みはつややかで、ぼさぼさしていないか脱毛はないか

耳
- ほかのデグーにかじられて切れていないか
- 耳の中が汚れていないか

目
- 力強く、輝きがあるか
- 目やには出ていないか

鼻
- 鼻水が出ていないか
- クシャミを頻発していないか

歯
- 切歯は揃っているか
  （オレンジ色に着色するのは生後6カ月以降なので、年齢によっては白い歯でも正常）

そのほかのポイント
- 元気はよいか
- 食欲はあるか
- 動き方がおかしくないか
- 隅でじっとしていたりしないか
- 抱かせてもらったときに、子どもなりにずっしりとした重みを感じるか

Column コラム

わが家にデグーがやってきたのは2005年6月のことでした。生後6週ほどの小さなオスのデグーは、てんてんと名付けられ、後に迎えたスーザンとの間に11匹の子を授かりました。末っ子が天寿を全うするまでの9年半、彼らは常にわが家の中心にいました。

てんてんを迎える際、ペットショップの店員数人に飼育方法や生態について質問をしました。驚いたことに、返答はまるでバラバラで要領を得ませんでした。このとき、自分で正確な情報を探さなくてはいけないと強く感じました。

当時の情報源は、数限られたブログやホームページでした。先輩方の発信される情報を頼りに試行錯誤するうちに、もっと詳しく知りたい思いが強くなり、自身のブログTenTen' s roomを始めました。

「より良い環境で、幸せに長生きしてほしい」、飼い主の願いは共通です。ブログを通じて知り合った仲間と協力して調べたり、海外のSNSでアドバイスを受けたりしながら、日本に適したデグー飼育のあり方を模索してきました。

当時仲間と試行錯誤した飼育方法が、現在多くのデグー飼育者に取り入れられて

デグー 今昔ものがたり
情報を集めて広がる
Happy Degu Life

デグーのブログでおなじみのHirokoさんがデグーを迎えた2005年、日本でのデグーの知名度はまだ低くて、数少ない情報を頼りに、試行錯誤でデグーを飼育していたといいます。Hirokoさんに当時を振り返って頂きました。

いるのを見ると、懐かしさと同時に、発信することの責任の重さを感じます。私が先輩方の情報に助けられたように、うちの子たちの経験がどなたかのお役に立つことがあればという思いから、なるべく詳細に、そして誤解のない情報をお伝えするよう気を配ってきました。

現在は、デグーを飼育される方も増え、ブログやSNSを通じて得られる情報量も大幅に増えました。その中には、デグー都市伝説と言えるような誤った情報や解釈も紛れ込んでいます。また、時と共に研究が進めば新たな発見があり「正しいこと」も変わってきます。発信する側の責任も、飼い主として選択する責任も重大です。常にアンテナを張り巡らせ、最新の情報をキャッチし、目の前にいる大切なパートナーが必要とするものを取捨選択していくことが大切だと思います。

皆さんも、さまざまな方面から情報を集め、活用してみてはいかがでしょうか？ それが「より良い環境で、幸せに長生き」への近道となりますよ。♥Hiroko

てんてん（左）と息子の純（中）と大吉（右）

PERFECT
PET
OWNER'S
GUIDES

Chapter 4

デグーの
住まい

住まいの基本

Chapter 4
デグーの
住まい

デグーの習性と住まい

　デグーには快適な住まいを用意しましょう。部屋に出して遊ばせることが多いとしても、1日のうちほとんどの時間を過ごすのはケージの中です。気に入らなくても、デグーは自分で好みの場所に引っ越すことはできません。

「かじる」動物だということ

　デグーはとにかくよくものをかじりますし、その力もかなりのものです。かじるのは習性ですからしかたありません。かじり木はもちろん、巣箱やステージなどの木製品は「消耗品」と考えたほうがよいでしょう。

　しかし一方、かじられては困るものもあります。ここには、健康面での心配、飼育管理上の心配という2つの点があるでしょう。プラスチック製の食器や、プラスチック製や布製のおもちゃなどをかじり、細かな破片がお腹の中にたまったりしては大変です。よくかじるタイプのデグーには、陶器製やステンレス

製などのかじれない食器にしたり、木製やわら製などのかじってもよいおもちゃにするなどの対策をとります。

　また、給水ボトルの留め具部分のプラスチックをかじってボトルを落とせば水が飲めなくなりますし、飲み口をかじれば水漏れします。よくかじるデグーには、ボトルをスプリングや針金で留め、飲み口がステンレス製のタイプを探す必要があるかもしれません。

　なかにはケージの底（受け皿部分）をかじって穴を開け、脱走するデグーも少なからず存在しますから、ケージを選ぶときには注意が必要です。

よく運動し、賢いということ

　運動能力にすぐれているので、よく動き回れることが必要です。ステージやロフトを配置したり、回し車を置くことで、動ける面積や

運動量を増やすことができます。

退屈させないよう、新しいおもちゃを入れる、おやつを隠すなど、頭を使わせる工夫も取り入れましょう。

トイレを覚えない子が多いということ

トイレ容器を置き、決まった場所に排泄できる動物もいますが、デグーの多くはトイレの位置を覚えません。においつけの習性があるためと考えられます。

そのため、ケージ内のあちこちや、ステージなどの飼育グッズを排泄物で汚してしまうこともよくあります。汚れた場所を掃除しやすいケージレイアウトにすることも必要かもしれません。

安全かどうかを考えよう

デグーにとって安全な住まいかどうかを考えることも大切です。前述のかじることへの対応のほかに、落下事故を起こさないようにしたり、爪や指先などをはさんでケガをしたりしないようなケージレイアウトを考え、快適な場所にケージを設置してください。

まだ少ない「デグー専用」

デグーはエキゾチックペットのなかでは新しい存在です。「デグー専用」に作られた飼育グッズは、徐々に出てきましたがまだ少数です。そこで、ほかの小動物用グッズを使うことになりますが、ウサギ用だと大き過ぎ、チンチラ用でもまだ少し大きく、ハムスター用だと小さ過ぎ……といった具合に、ちょうどよいものがなかなか見つからない、というのはデグーの飼い主に共通する悩みの1つでもあるようです。ニーズが増えれば、今後グッズも増えていくでしょう。現状を理解しつつ、今は既存のもののなかから適切なものを選ぶようにしてください。

グッズをそろえて
デグーライフを
始めましょう

Point

そろえたいグッズリスト

☐ ケージ
☐ 寝床（巣箱、ハンモックなど）
☐ ステージ、止まり木
☐ 食器
☐ 給水ボトル
☐ 牧草フィーダー
☐ 砂浴び容器
☐ 砂浴び用砂
☐ 回し車
☐ かじり木
☐ 床材（マット、座ぶとん、チップ、牧草など）
☐ 温度計
☐ 体重計
☐ キャリー
☐ ヒーター
☐ 涼感マット
☐ フェンス
☐ グルーミンググッズ
☐ 爪切り
☐ 掃除用具
☐ ナスカン

ケージの準備

必要なのは「広さ」

　デグーに必要なケージとして「高さがあるもの」といわれることがありますが、高いところからの落下事故が起きています。

　デグーには「大きな高低差が必要」なのではありません。13ページで紹介している野生の環境を見てもわかるように、デグーが暮らすところは、標高そのものは高いですが、高低差は岩場の登り降りをする程度のものです。デグーの生活空間は地上高くにあるのではなく、地下に広がっています。地下のトンネルに入るときでも、岩場を降りるときでも、飛び降りるような降り方をしているわけではありません。あくまでも足場がしっかりあるところで、地に足がついた状態で活動しているのだということを理解してください。

　デグーに必要とされるのは「広さ」です。底面積が広いケージが用意できるのがベストですが、現実的にはさほど大きなケージを使うことはできないでしょう。ケージという限られた空間の中で動き回れる面積を広くとるために、ステージやロフトを活用し、結果的にある程度の高さがあるケージを使うことになる、と考えてください。

デグーの習性を理解してケージを選ぼう

ケージの大きさ

　底面積が広く、金網の隙間が狭くてデグーが脱走できないようになっているケージを選びましょう。飼育グッズをたくさん置きたい場合や多頭飼育の場合には、より広いケージが必要になります。

　海外の飼育書では、1匹だと「底面積31×61cm、高さ23cm」、ペアだと「底面積45×70cm、高さ100cm」といったサイズが推奨されています。日本で入手できるケージで考えると、50cm四方前後のものを1匹で飼う最低限のサイズとし、置き場所、扱いやすさ、安全面などを考えて選ぶとよいでしょう。大きなケージでは、金網の間隔が広いと脱走するので、目の細かい金網をさらに貼るなどの工夫も必要になります。

イージーホーム40-BK
〈三晃商会〉
W435×D500×H460mm

イージーホーム60 ローメッシュ
〈三晃商会〉
W620×D505×H550mm
（キャスター装着時）

デグースペシャル
〈ピュア☆アニマル〉
ケージ：W450×D350×H400mm、
地下室：H120mm、
屋根：H170mm

コンフォート60
〈川井〉
W620×D470×H550mm
（キャスター装着時）

Topics
安全性のチェックポイント

デグーは金網をかじったり、排泄場所が決まらないことが多いので、材質は錆びにくく、かじっても安全なステンレス製がよいでしょう。受け皿のプラスチック部分もかじることがあるので、側面の金網部分が受け皿の内側を覆う形で組み立てられるものがベストです。

爪を引っかけたり指をはさむ隙間がないかどうかも確かめましょう。

金網かじりがあまりにも激しいような個体には、アクリル製のケージも選択肢の1つになります（製品によっては除湿が必要です）。

DEGU デグー・アンケート Part 3

なんてこった…

ケージに関するトラブルを
飼い主さん65名にお聞きしました。

ケージ・トラブル 編

ケージの中でのケガ、ケージに関するトラブルなどが起こったことがありますか？

◇ ケージの中でケガをして右後足小指を切断
◇ よだれがとまらずいつも胸元まで濡れていたうちの子、原因はケージかじり。病院で歯を削ってもらい現在は健康に
◇ 背の高いケージの上から転げ落ちて捻挫
◇ ケージにかぶせていた布をいたずらして、ほつれた糸が歯に巻きついた
◇ ケージの小窓のバネに慣れないころ、危うくデグーの手をはさみかけた
◇ ケージの小窓がしっかり閉まっておらず、脱走してしまった
◇ ケージに足の指をはさみ、脱臼

PERFECT PET OWNER'S GUIDES

基本の飼育グッズ

Chapter 4 デグーの住まい

ハンモック大好き！

木製の寝床

ヤシの実を利用した寝床

寝床
（巣箱&ハンモック）

デグーは地下に巣穴を掘って暮らしています。寝床として巣穴代わりの巣箱を用意してあげましょう。1つめとして選ぶなら閉鎖性の高いものを。木製の巣箱など、中に入れば光が遮られ、ゆっくり休めるものがよいでしょう。最低限、中で楽に方向転換ができるサイズにします。上蓋が開くものだと掃除がしやすいでしょう。繁殖させるなら、十分な広さのある巣箱が必須です。

そのほかに、デグーがそのときの気分や温度で選ぶことができるよう、タイプの異なるものを取りつけてもよいでしょう。ハンモックタイプも好まれるようです（布をかじるようならNG）。

布製の寝床
わら製の寝床
寝床
ハンモック

止まり木
空中トンネル
ステージ、ロフト、止まり木
ステージ
金網のロフト
止まり木

ステージ、ロフト、止まり木

　ステージ類を活用すれば、デグーの行動範囲を広げることができます。周囲を警戒したり、休息する場所にもなるでしょう。木製はかじってボロボロにしたり、排泄で汚れることもあります。金網タイプは足を引っかけないか、使い始めたら注意してください。

　高い位置に取り付ける場合には、必ず、別のステージ類を少し低い位置に、階段状になるようにとりつけ、徐々に降りながら床の上まで戻ってこられるようにします。高いところから床まで、転落するようなことのないようにしてください。

　デグーは樹上性の動物ではありませんが、太い止まり木を移動の足がかりに使うこともできます（止まり木はかじり木にもなる）。

ステージ上で仲良くお昼寝
ステージ
ステージスタンド

食器類
（食器、給水ボトル、牧草フィーダー）

　食器は、衛生的に使え、ひっくり返しにくい陶器製やステンレス製がおすすめです。プラスチック製なら丈夫なものを使いましょう。床に置くタイプと側面に引っかけるタイプがあります。

　清潔な水を与えるために給水ボトルは欠かせません。手に入りにくいですが、ガラス製のボトルが最適です。デグーがかじるので、飲み口は金属製のものにしましょう。

　牧草は床に置いて与えてもよいですが、牧草フィーダーを使えばいつもきれいな牧草を食べさせることができます。

砂浴びグッズ
（容器、砂）

　砂浴び容器は、陶器製やガラス製、プラスチック製などのものが市販されています。ある程度深さがあり、デグーが転がれる底面積があれば、プラケースなどでも問題はありません。

　ケージ内に置きっぱなしにするとトイレとして使われる可能性があるので、時間を決めて置くことをおすすめします。常設するならこまめに汚れた砂を取り替えましょう。砂は、デグー用や小動物用のほか、チンチラ用のとても細かいものを好むデグーもいます。

プラスチック製
ガラス製
砂浴び容器
アクリル製
陶器製

デグーは砂浴びで体をきれいに保つ

砂浴び用の砂

Topics
デグーとトイレ

　デグーの場合、トイレ容器をケージ内に置いて必ずその場所を使うように教えることがなかなか困難です。尿でにおいつけをする習性があるためです。一般的なトイレトレーニング（トイレ容器の砂の上に尿のついたティッシュなどを置いて、そこがトイレだと教え、ほかの場所にしたらきれいに拭く）をして覚えてくれれば助かりますが、可能性は低いので、この本では、デグー用のトイレを設置しないという方法にしています。

金属製

自立タイプの回し車

プラスチック製

回し車

　回し車を使えば、ある程度の運動量を確保することができます。また、退屈しのぎにもなるでしょう。

　金属製のものの場合、足場が隙間の広いはしご状になっていると足をはさみやすいので、目の細かなものを選んでください。プラスチック製だとかじることがあるので、適宜、買い換えることが必要となります。

　大人だと直径30cm前後が適しています。小さ過ぎると背中を傷めることがあります。

　幼い子どもたちがいるときには、危険なので取り外しておきましょう。

おもちゃ
（かじりグッズなど）

　デグーはとにかくよくものをかじります。ケージの金網など、かじられては困るものから興味をそらし、かつストレスを発散させるためにもかじり木などのかじって遊べるグッズを用意しましょう。なかには翌日にはもう壊してしまう個体もいるほどです。かじり木には床に転がしておくもの、側面につけたり天井から吊るすものなどいろいろなタイプがあります。

　安いものやDIYショップなどで売っている木材を与えるのも1つの手ですが、漂白剤、防カビ剤、防腐剤などが使われていることもあるので注意が必要です。

かじったりして遊ぶグッズ

床材類
（床材、マットなど）

　足の裏の保護や、排泄物の掃除をしやすくするためケージの底に床材を敷きます。ケージ底の網は足を引っかけやすいので外し、床材を敷くのが一般的です。汚れたところを捨てて使うウッドチップ類と、敷いたままにしておくマット類があります。

　ウッドチップ類は底に敷きつめ、排泄物で汚れた部分を捨てて入れ替えます。おがくず（広葉樹がよい）、木の粉やおからを固めたもの（トイレ砂としても売られている）などもあります。牧草もよいですが、吸水性はよくありません。マット類には樹脂製、わら製、布製、木製などがあります。

　床材の活用法はさまざまです。ケージの四方の隅（排泄をすることが多い）にペットシーツやトイレ砂を敷き、中央部にはわらマットを敷くなど、掃除しやすくデグーに負担のかからない方法を選びましょう。

すのこ / 樹脂製のマット / ペットシーツ / マットなど / 座ぶとん

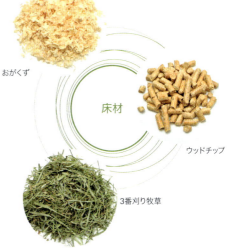

おがくず / 床材 / ウッドチップ / 3番刈り牧草

目にも止まらぬ早さでかけちゃうよ！

そのほかの生活グッズ

Chapter 4 デグーの住まい

体重計として使うキッチンスケール

最高と最低の記録が測れる温湿度計

キャリーバック

木製のかじり木フェンス

体重計

　体重管理は健康の基本です。1g単位で計れるキッチンスケールをデグーの体重計として使いましょう。プラケースに入れて計ると簡単です（容器の重さは引く）。

温度計＆湿度計

　実際にデグーがいるケージの近くに設置しましょう。最低最高温湿度計を使うと、人がいないときの最低温度や最高温度が分かるので、環境作りの参考になります。

キャリーケース

　デグーを連れて出かけるときや、ケージ掃除の際にデグーを一時的に移すときに使います。移動用キャリーケースは、大き過ぎても落ち着きません。布をかじらないなら、中にフリースの寝床を入れたりすると安心します。

かじれるフェンス

　金網かじりはやめさせたいものですが、しつけることは困難。木製のかじれるフェンスをつけることで防ぎましょう。フェンスそのものはかじるので、適宜、交換を。

グルーミング用品

　爪が伸び過ぎたときは切りましょう。小動物用の爪切りが便利です。なでてもらうのが大好きな子には、小動物用のグルーミンググッズを取り入れることもできます。

季節対策グッズ

　大理石やアルミのボードは暑いときに体を冷やしてくれるので、デグーの好みのものを。ペットヒーターには床に置くもの、ケージ側面に取り付けるものなどがあります。

ナスカン

　ケージの扉に取り付けて脱走を防止します。デグーは賢くて器用なので、扉の開け方を覚えることがありますし、開閉を繰り返すうちに扉がゆるくなったときにも。

除菌消臭剤

　ケージ掃除のときや、室内での粗相があったときなどに使います。デグーが舐めたりしても安全なものを使いましょう。

ケージレイアウト

Chapter 4
デグーの
住まい

ステージ類を上手に使おう

ケージ内は、デグーが安全で快適に過ごせるようにレイアウトしましょう。

ステージ類を取り付けることでデグーの行動範囲を広げられます。降りるときにケージの底まで飛び降りなくてもよいよう、階段状になることを意識してレイアウトしましょう。

ケージの底には、網の上にマット類を敷いたり、網を外して床材を敷きつめます。

給水ボトルは飲みやすい位置に設置します。きちんと飲めているかを観察して微調整しましょう。食器や牧草フィーダーは、デグーがよく排泄する場所ではないところに設置するのが望ましいでしょう。

実際にデグーが暮らし始めたら、使いにくそうにしていたり、危なそうなところはないかを観察してください。高いところから飛び降りそうならステージ類を追加するなど、必要に応じて改善をしていきましょう。

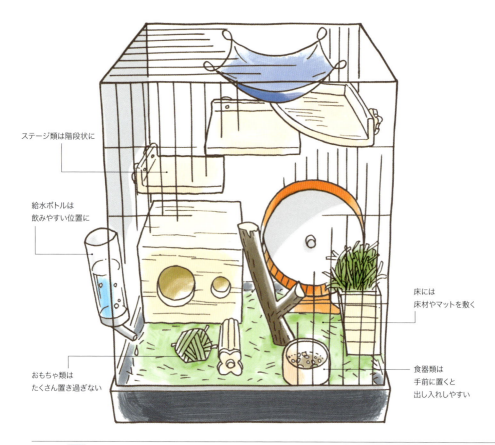

ステージ類は階段状に

給水ボトルは
飲みやすい位置に

おもちゃ類は
たくさん置き過ぎない

床には
床材やマットを敷く

食器類は
手前に置くと
出し入れしやすい

ケージの置き場所

Chapter 4
デグーの
住まい

快適な場所に
ケージを置こう

　ケージの置き場所は、温度、日当たり、騒音、人とのコミュニケーションといった点に注意しながら考えましょう。デグーが穏やかに安心して暮らせる場所がベストです。

　エアコンがあり、適切な温度管理が行える部屋に置きましょう。温度差が大きい場所、隙間風が吹き込む場所、湿っぽい場所は避けましょう。エアコンからの送風がケージを直撃しないかも確認してください。

　昼間は明るく、夜は暗いというリズムを感じさせるのも大切です。日当たりのよい部屋は適していますが、直射日光が差し込む場所は避けてケージを置きましょう（アクリルケージの場合はなおさら注意）。夜でも明るい部屋に置くときは、夜になったらケージに布をかけるなどしてください（風通しが悪くならないよう前面は覆わない）。

　日常的な生活騒音まで遠ざける必要はありませんが、やたらと騒がしい場所やテレビな

どの近くも避けます。犬や猫がいるなら、接触のない場所に置いてください。

　いつもデグーの様子が観察しやすく、世話がしやすい場所に置くのも大切です。特に1匹で飼っている場合は、人のそばに置き、孤独にならないようにしてください。

Point

ケージを設置する際のチェックポイント

□ 気温（室温）が上がり過ぎないこと

□ 隙間風が吹き込んだりしないこと

□ 乾燥した場所であること

□ 寒暖の差が激しくないこと

□ 直射日光が当たらないこと

□ 騒がし過ぎないこと

□ 犬や猫などがいないこと

□ エアコンの風が直接当たらないこと

□ 落ち着いて過ごせる場所であること

デグー写真館 *Part 1*

写真館では、飼い主さんが撮った素敵なワンショットをご紹介します!

目をキラキラさせて、
なにをして遊ぼうか考え中!

黒目がちの男前デグーです〜

あっ、これはなんだろう?!

こしょこしょ話、
おひげがくすぐったいヨ!

ボクたち、仲よしだから
ごはんも一緒!

ハンモックは
語らいの場になります

PERFECT
PET
OWNER'S
GUIDES

Chapter 5

デグーの
食

デグーの「食」を考える前に

Chapter 5 デグーの食

乾燥した地域なので低木にまざってサボテンも見られる
©Carolyn Bauer

デグーの故郷である南米大陸チリのアンデス山脈西側の標高1200mほどの地域の光景
©Carolyn Bauer

野生のデグーはなにを食べている？

動物の食事を考えるとき、野生下でどんなものを食べているのかを知るのはとても大切です。彼らの体は長い時間をかけて、それらの食べ物で生きていくように進化しているからです。その動物に適した食事メニューを考える際の大きなヒントになるはずです。

野生のデグーは主に草本植物（いわゆる「草」）を食べています。そのなかには、イネ科植物やイネ科以外の植物の葉・種子、塊茎（養分を蓄えた根）、低木の葉、樹皮や枝、サボテンの果肉などが含まれています。また、農作物を食べたり（デグーは地元では害獣という側面もあります）、乾季には牛糞などを食べることもあるようです。

暮らしている地域の植生や季節により、食べているもののバランスは変化します。古い記録ですが、ある地域では冬の食べ物のほとんどが広葉草本（イネ科以外の葉の広い草の総称）とイネ科の葉で、夏には40％ほどが低木の葉、30％ほどが広葉草本とイネ科の種子でした。

また別の地域では、冬には低木の葉が60％を占め、夏には低木の葉・種子、広葉草本とイネ科の葉・種子をまんべんなく食べていました。

夏に摂取する60％が繊維質というデータもあります。また、秋冬には食べ物を巣穴に

貯蔵することが知られていますが、これは、食べ物がとぼしい時期には、粗食に耐える生活をしていることを想像させます。

デグーとはこのような食生活をしてきた動物だということを頭に入れて、飼育下の食事を考える必要があります。

巣穴から出て食べ物を探す

わが家のデグーになにを食べさせる?

飼育下のデグーの食事についてはまだわからない点が数多くあります。

ペレットを選ぶ際の目安となるべき栄養要求量も明確ではありません。デグーの情報で定評のあるイギリスのウェブサイト*Degutopia*ではタンパク質15%以下、脂質4%以下、繊維質15%以上、糖質5%以下を推奨しており、目安の1つにはなるでしょう。

家庭のデグーには牧草、ペレット、そのほかに野菜などさまざまな食物を与えているのが一般的ですから、デグーが摂取した栄養価ははっきり知ることができません。

また、糖質やビタミンCの問題など、デグーならではの食に関する問題もあります(59ページ参照)。

現時点でデグーの食事を考えるときにいえるのは、以下のようなことになるでしょう。

* 完全な草食性であり、野生下ではイネ科などの植物の葉を主に食べている。繊維質は欠かせない
* 野生下では種子も食べているが、環境も運動量も大きく異なるので、飼育下での種子の多給は控えるほうがよい
* 消化システムや歯の特徴を考えても、繊維質の多い牧草が主食として適していると考えられる
* 野生下ではさまざまな種類の植物から微量栄養素を摂取していると考えられるので、主食の補助としてペレットを与える
* 同様に、野菜や野草などを適宜与えることによって、バリエーションを増やすことができる
* 前述の栄養価などを目安にするだけでなく、体の肉づき、体重、排泄物などを総合的に見て、その個体に適した食事を決めていくことが大切

こうした点に配慮しながら、現時点でのベストな方法を考えていきたいと思います。

飼育下のデグーの食事は、野生下の状況と照らし合わせて考えよう

栄養の基本

食べ物で体は作られる

　動物は、ものを食べることによって、生きていくための必要な栄養素を体の中に取り込んでいます。食べたものは体内で消化、吸収され、代謝という化学反応によって体内で働く形に合成・分解されます。そしてエネルギー源や体を構成する成分、生理機能を調節する成分などになります。

　3大栄養素と呼ばれるのが、タンパク質・炭水化物・脂質で、ビタミン・ミネラルを合わせて5大栄養素ともいいます。栄養素にはそれぞれ決まった働きがあり、相互に影響しながら働いています。

　どの栄養素がどのくらい必要なのかは、動物の種類によって異なります。必要な栄養を摂取できるかどうかで、成長や健康、免疫力、繁殖、寿命など多くの面に影響を及ぼします。

栄養素の働き

　エネルギー源になる栄養素はタンパク質・脂質・糖質、体のさまざまな組織になるのはタンパク質・脂質・ミネラルです。

　草食動物の主食である植物にタンパク質や脂質はあまり多く含まれていませんが、腸内の微生物の力を借りて繊維質もエネルギー源やタンパク源にすることができます。

　繊維質にはそのほかに、腸の働きを刺激する、腸内の有害物質や飲み込んだ被毛を吸着して排出する、消化管内の環境を正常に整えるといった役割もあります。

　ビタミンは生体機能や代謝を助け、ミネラルは体の器官や組織の構成要素になったり、酵素やホルモンに関与するなどの役割があります。必要な量は微量でも体に欠かせないものです。

主要な栄養素の働き

タンパク質	脂質	炭水化物		ミネラル	ビタミン
		糖質	繊維質		
エネルギー源となる	エネルギー源となる	エネルギー源となる			
体の組織となる	体の組織となる			体の組織となる	
					体の調子を整える

草食動物は
消化管内の微生物の働きによって、
繊維質をエネルギーに
変えることができる

デグーとビタミンC

「デグーは体内でビタミンCを合成することができない」「デグーにはビタミンCの添加が必須」といわれてきました。

しかし、多くのデグーが、ビタミンCをわざわざ与えずに飼育しても健康に生涯を送っているという事実もあります。また、ビタミンCが体内で作られている可能性が高いとも考えられています。このようなことから、現在、デグーにわざわざビタミンCを摂取させなくても欠乏症の心配はないだろうとされています。

おそらく、デグーと同じテンジクネズミ亜目のモルモットがビタミンCを体内で合成できないため、情報が混乱したのではないかと思われます（ちなみに、同じ仲間のチンチラについてもそういわれることがありますが、デグー同様、必須ではないようです）。

ただし、ビタミンCには抗酸化作用や免疫力を高めるといったよい働きがあるので、与えるのは悪いことではありません。

デグーと糖質

「デグーは糖尿病になりやすいので、糖質を与えてはいけない」ともいわれています。しかし現在、146ページで説明しているように、必ずしもデグーが糖尿病になりやすいわけではない、と考えられています。

糖尿病の研究に使われていることも「デグーが糖尿病になりやすい」といわれる理由の1つかと思われますが、ほかの背景として、飼育方法が知られていないころに不適切な食事で飼育され、その結果として糖尿病を発症するデグーがいた、ということもあったかもしれません。

糖質は炭水化物の一部です。なかでもグルコース（ブドウ糖）は血糖値を上げやすい単糖類の1つで、エネルギー源となる大切な栄養素です。糖質を与えなければエネルギー不足となってしまいます。もちろん、野生下でデグーが食べているものにも糖質は含まれています。

体質やなりやすい家系の場合は、気をつけていても発症するリスクはありますが、そうではないなら、草食動物として与えるべき食事を与えている限り、糖質の与え過ぎを過度に心配し、「糖質を一切与えてはいけない」などと考えることはないでしょう。おそらくそれはほとんど不可能なことです。

炭水化物から繊維質を引いたものが糖質ですが、その名前から想像される「甘いもの」だけではなく、でんぷん質なども糖質ですし、ペレットにはつなぎとして糖質を含む原材料が使われているのが普通です。

もちろん、糖質を多量に与えればもともと健康体であっても、糖尿病発症のリスクが高くなったり、肥満によるさまざまな健康リスクを負うことになりますから、与え過ぎないようにすることは大切です。

デグーに与える食事メニューの基本

Chapter 5 デグーの食

1日の食事の例

❖ 体重200gのデグー

ペレット10g＋ペレット牧草＋乾燥ハーブ＋乾燥野草

チモシー1番刈り牧草は食べ放題

主食は牧草とペレット

デグーの食事メニューは、「無制限のイネ科牧草」「一定量のペレット」が主食で、それ以外に野菜や野草類を適宜与えてバリエーションをもたせるのが基本となります。

野生下のデグーは地域や季節に応じてさまざまな植物を食べていますから、飼育下でもバランスを考えながら、いろいろなものを与えるとよいでしょう。

与える量と時間

牧草は常に食べられるようにしておき、ペレットなどは決まった時間に与えるようにします。ペレットの量は、商品パッケージに記載されたものを参考にします。一般には体重の5％が目安となりますが、与える数値だけを見て決めるのではなく、デグーの体格や便の状態なども見ながら加減しましょう。デグーは餌を隠す習性があるので、与えた量＝食べた量ではないこともあります。

デグーは昼行性なので、朝に1回か、朝と午後の早い時間の2回などの与え方がよいでしょう。

若いデグーの食事

成長期のデグーには、適切なペレットであれば多めに与えてもさしつかえありません。また、新しいものに対する警戒心が低いうちに、与えてよい範囲でいろいろな種類の食べ物を、少しずつ与えておくのはよいことです。離乳を終えてしばらくし、しっかりと大人の食事ができるようになったら、メニューのバリエーションを増やしていきましょう。

DEGU デグー・アンケート

グルメなの

Part 4

デグーを飼っている65人の飼い主さんに、デグーの食事についてお聞きしてみました！

わが家のメニュー 編

牧草

デグーの飼い主さん65人が与えている牧草は？

- チモシーのみ……44
- チモシー＋アルファルファ＋オーチャードグラス……1
- チモシー＋レモングラス……1
- チモシー＋クレイングラス＋アルファルファ……1
- チモシー＋アルファルファ……3
- チモシー＋お試し牧草……1
- チモシー＋バミューダヘイ……6
- チモシー＋バミューダヘイ＋イタリアンライグラス……1
- チモシー＋バミューダヘイ＋イタリアンライグラス＋オーツヘイ＋大麦……1
- チモシー＋メドウヘイ……1
- チモシー＋バミューダヘイ＋アルファルファ……1
- チモシー＋バミューダヘイ＋オーツヘイ＋クレイングラス……1
- チモシー＋イタリアングラス……1
- 特に決めていない……1
- あまり食べないのでいろいろ試している……1

> ほとんどの方がチモシーを与えているということ。やはり定番中の定番といえますね。
> また、日頃から何種類かを与え、食べられるものの幅を広げておくのはよいことです。

ペレット

デグーの飼い主さん65人が与えているペレットは？

- デグー用フードのみ与えている…38人
- デグー用フード＋モルモット用フードを与えている…15人
- モルモット用フードのみ与えている…7人
- デグー用フード＋ラビット用フードを与えている…3人
- デグー用フード＋チンチラ用フードを与えている…1人
- デグー用フード＋モルモット用フード＋ラビット用フードを与えている…1人

> デグー専用フードも増えたことから、専用フードで飼っている方が多いようです。モルモット用フードにも根強い人気があります。

おやつ

デグーの飼い主さん65人が与えているデグーのおやつは？
（複数回答あり、無回答あり）

- **乾燥野菜＋生野菜**……38人
  ニンジン、ブロッコリーの葉、キャベツ、小松菜、チンゲンサイ、パセリ、大葉、乾燥野菜ミックスなど
- **穀物・種実類**……31人
  えん麦、くるみ、そばの実、ひまわりの種、粟、大麦、とうもろこし、オーツ麦、大豆、種・穀物ミックスなど
  ※えん麦を与えている人は13人！
- **乾燥野草＋生野草＋ハーブ**……26人
  オオバコ、タンポポ、バジル、ミント、クワ、笹、柿、びわ、葛、乾燥野草ミックスなど
- **小動物用ビタミンC錠剤**……12人
- **果物**……3人
  乾燥バナナ、トロピカルフルーツ、リンゴなど
- **ソフトトリーツ**……5人

> 野菜や野草といった葉っぱもの系おやつが多いのは、デグーの食性に合っています。穀類・種実類や甘いものは控えめに与えるのがおすすめです。

モグモグするぜ

デグーの主食・牧草

Chapter 5 デグーの食

どうして牧草がよいの？

デグーは、野生下ではイネ科など栄養価のあまり高くない植物を主に食べています。そのような食性の動物に飼育下で与える主食として最も適しているのは「牧草」です。

小動物に与える牧草とは一般に生の牧草を乾燥させた「乾牧草」のことをいいます。乾燥させているので繊維質が非常に豊富です。1年を通じて入手できますし、水分が少ないので保存性が高いのもメリットです。

昨今では牧草専門のネットショップや、ウサギ専門店などでさまざまな種類の牧草を簡単に入手できるようになっています。

牧草の種類

牧草は大きく「イネ科」と「マメ科」の2つに分けることができます。

イネ科は栄養価は低いですが繊維質が豊富です。マメ科は高タンパクでカルシウム豊富、一般に嗜好性が高く、成長期や妊娠期、授乳期に補助的に与えるのによい種類です。

イネ科の牧草

イネ科の代表的な種類はチモシーです。産地としてはアメリカ、カナダ、北海道などが知られています。

チモシーは刈り取り時期によって1番刈り、2番刈り、3番刈りがあります。収穫シーズン

牧草を
たっぷり
食べないとね

の最初に刈り取るのが1番刈りで、栄養価が高く繊維質も豊富です。デグーに与える基本的な牧草といえます。

刈り取ったあとにまた伸びてきたものを刈り取るのが2番刈り、次に刈り取るのが3番刈りです。あとになるほど栄養価は落ちますが、柔らかくなり、嗜好性も高まる傾向があります。歯が弱い、牧草を食べ慣れていないといった場合には柔らかいものが好まれます。床材

表　牧草 成分表(単位:%)

科	牧草名(刈り取り時期など)
イネ科	チモシー(生・1番草・出穂前)
	チモシー(乾・1番草・出穂期)
	チモシー(乾・再生草・出穂期)
	オーチャードグラス(乾・1番草・出穂期)
	イタリアンライグラス(生・1番草・出穂前)
	イタリアンライグラス(乾・輸入)
	トールフェスク(乾草)
	バミューダグラス(乾草)
	エンバク(乾・開花期)
	ライ麦(乾・出穂期)
マメ科	アルファルファ(乾・1番草・開花期)
	アルファルファヘイキューブ(輸入)

おっとっと、遊んでます！

や寝床用には3番刈りが向いています。

そのほかのイネ科の牧草には、イタリアンライグラス、オーツヘイ、オーチャードグラス、クレイングラス、バミューダグラスなどがあります。麦茶などの原料として身近な大麦もイネ科牧草の仲間です。

マメ科の牧草

マメ科牧草の代表格はアルファルファです。人の食材としてサラダなどに使っているのはアルファルファのスプラウトです。

そのほかにはクローバーも牧草に含まれますが、一般にペットの草食小動物に与えるのはアルファルファです。

牧草の加工品

乾燥させた牧草を加工したものもあります。細かい牧草をブロック状に固めたアルファルファキューブやチモシーキューブ、チモシーを編んだおもちゃなどがあります。牧草を食べなれないデグーに、遊びながら牧草の味を覚えてもらうときや、目先を変えたいときなどに与えることができます。

「日本標準飼料成分表 2009年版」より

水分	粗タンパク質	粗脂肪	粗繊維	カルシウム	リン
81.7	3.2	0.7	3.4	0.32	0.42
14.1	8.7	2.4	28.9	0.49	0.27
16.5	8.2	2.3	27.8	0.44	0.31
16.3	10.9	2.8	27.9	0.39	0.23
83.7	3.0	0.8	3.2	0.37	0.37
9.4	5.6	1.3	29.2		
12.1	5.9	1.1	33.1	0.29	0.13
9.1	8.1	1.5	22.5	0.52	0.18
18.8	10.1	3.0	28.6	0.19	0.19
16.3	10.4	2.0	24.0		
16.8	15.9	2.0	23.9	1.25	0.23
12.1	16.7	2.2	21.9		

ちょっと警戒中。でも牧草は離しません

チモシー1番刈り
主食の定番。
デグーに適した栄養価で、特に茎は繊維質豊富（イネ科）

チモシー2番刈り
一番刈りよりも柔らかく、好む個体も多い（イネ科）

　チモシーの和名はオオアワガエリといい、人のアレルギーの原因の1つになっています。アレルギーを起こしにくいものとして、牧草から出る細かな粉をふるい落としている製品もあります。もちろん、乾燥する前の牧草である生牧草を与えることもできますが、入手できる時期は限られています。

ほこりっぽくなく、緑色の葉が多いものがよいでしょう（成長の状況によって茶色い葉になることはあります）。

　ただし実際には、牧草を触ったりにおいをかいだりして選べる機会はほとんどありません。よく売れていて商品の回転がよいところや、評判を参考に選びましょう。

牧草の選び方

　保存方法が悪かったり古いものは、カビが生えたりダニが発生するので、できるだけ新しいものを選びましょう。よい香りがするもの、

牧草の与え方

　牧草は、牧草フィーダーなどを利用し、常にケージの中に入れておきましょう。ただし床に置いてあるほうを好む個体もいます。

クレイングラス
繊維質が豊富で低カロリー、低カルシウム。
柔らかい牧草（イネ科）

アルファルファ
マメ科の代表。
嗜好性、栄養価ともに高いので与え方には注意が必要

チモシー3番刈り
とても柔らかく、
床材や寝床用にも使うことが
できる(イネ科)

オーツヘイ
燕麦の牧草で、
生牧草は「猫草」でも知られる。
嗜好性が高い(イネ科)

オーチャードグラス
香りが高く、柔らかい牧草。
和名はカモガヤ(イネ科)

　与えた牧草が残っている場合、まだあるからとそのまま放置しておくと、湿って味が落ちたり、排泄物で汚れたりします。まだ残っていても、新しいものにすることで食欲が増すので、もったいながらずに入れ替えましょう。汚れていなければ、天日干しすることでまた食べてくれることもあります。

　牧草には好みがあります。専門では「お試しセット」などもあるので試してみて、好みを把握しておくとよいでしょう。

　湿っぽくなった牧草は、電子レンジにかけて水分を飛ばすと香りもよくなり、食べるようになることがあります。

幸せそうに食事中!

牧草を加工したもの
ブロック状のものや、
牧草の割合が非常に高いペレットタイプのものなどもある

ペレットの位置付け

Chapter 5 デグーの食

ペレットとはどんなもの?

「ペレット」とは、粉末状のものを円筒状などの形に固めたもののことをいい、さまざまな分野で使われている言葉です。ペットフードでペレットといえば、細かくした原材料を固めて作るドライタイプのペットフード、固形飼料のことをいいます。

小動物用のペレットは家畜などの経済動物のものから発達してきましたが、現在ではペットの動物たちのペレットも数多く作られています。デグー用のペレットも、種類が増えてきました。

ペレットには製造方法の違いによって「ハードタイプ」「ソフトタイプ」という2つのタイプがあります。「ソフト」と聞くと柔らかそうなイメージがありますが、そうではなく気泡を多く含む発泡成形をしており、歯に負担をかけ過ぎない硬さになっています。ハードタイプはかなり硬くて歯への負担が大きいともいわれ、一般にソフトタイプが好まれています。

ペレットのメリット

野生のデグーは何種類もの植物を食べて暮らしています。植物の種類、地質や気候などによって、さまざまな微量栄養素が含まれていると考えられます。

チモシーはデグーの主食としてとても優れたものですが、それだけでは栄養に偏りが出てしまいます。牧草だけでは摂取できない栄養素を摂取させるために、補助的にペレットを与えるとよいでしょう。

表　ペレットの成分量の例

	ペレットA	ペレットB	ペレットC	ペレットD
粗タンパク質	15.5%以上	18.0%以上	17.0%以上	17%以上
粗脂肪	2.5%以上	2.0%以上	2.0%以上	4.0%以上
粗繊維	24.0%以下	23.0%以下	23.0%以下	17%以下
粗灰分	10.0%以下	7.0%以下	10.0%以下	6.0%以下
水分	10.0%以下	10.0%以下	10.0%以下	10%以下

与える食材の数を増やすという方法もありますが、食べられる量には限りがあるうえ、バランスよく食べてくれるとは限りません。ペレットなら、多くの原材料を粉末にして混ぜ、固めたものですから、一口食べるごとにバランスよくさまざまな栄養を摂ることができるのです。

ペレットの注意点

ペレットと牧草の大きな違いの1つは、食べるときに歯をどのくらい使うかという点です。牧草は臼歯をまんべんなく使ってすりつぶさなくては食べられません。ところがペレットは砕けやすく、まんべんなくすりつぶすという動きをしなくても食べることができます。ペレットばかりたくさん与えていると、臼歯が部分的にしか削れず不正咬合など歯のトラブルを起こしやすくなります。砕くという動きが多くなると、歯根に負担がかかることも考えられます。

そのほかにも食べ過ぎによる肥満、そして食事時間の短さという点があります。食事の時間を長くとることも環境エンリッチメント、つまり彼らの行動の再現になります。

ところがペレットは食べるのに時間がかかりません。大人の健康なデグーには、牧草を食べさせることで十分な食事時間を作る必要があるのです。

1日に与えるペレットは、体重の5％が目安

もっとくれ

Topics
デグー用以外のペレット

ビタミンCが添加されていたり糖質含有量が低いものがあることなどから、モルモット用フードが代用としてデグーによく使われてきました。本来なら、その動物専用フードを与えるほうがよいのですが、デグーは栄養要求量も明確ではありませんし、デグーフードは進化中といえるでしょう。そのため実績のあるモルモット用を与えるという考え方もできます。最終的な判断は飼い主がすることですが、デグー専用フードを多くのデグーが食べることで情報が集積し、よりよいものが作られるともいえます。

デグーセレクション プロ
グルテンフリー
（イースター）

デグーセレクション
（イースター）

ペレットの選び方

　ペレットを選ぶときには、成分表や原材料を確認しておきましょう。57ページで紹介している数値（タンパク質15％以下、脂質4％以下、繊維質15％以上）や同じ草食動物であるウサギ（タンパク質12％、脂質2％、繊維20～25％）などの栄養要求量を目安にして考えるのが1つの方法です。

　栄養要求量やカロリー要求量はわかっていませんが、粗食の草食動物であることは確かですから、タンパク質が多過ぎない、繊維質が多い、脂質が低い、カロリーが低いといったことや、原材料に牧草が多いといった点に注目して選ぶとよいでしょう。

　チモシー（成長期にはアルファルファ）を主原料としているかも確かめたい点です。犬猫用フードでは「ペットフードの表示に関する公正競争規約」において原材料は「使用量の多い順」に記載するとされています。デグー用のフードはこの規約の対象外ですが、規約の

デグーフォーミュラ
（サンシード 輸入：みずよし貿易）

デグー恵
（ハイペット）

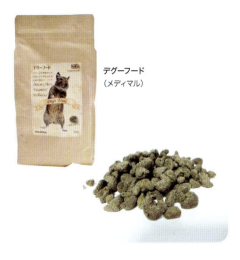

デグーフード
(メディマル)

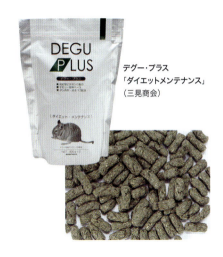

デグー・プラス
「ダイエットメンテナンス」
(三晃商会)

基準はデグー用フードにも採用されているのではないかと思われます。

ペレットは、できるだけ賞味期限(あるいは製造日や品質保持期限)が明記されているものを選びましょう。購入したらその期限以内に与えます。開封したら、期限にかかわらず、適切な保存をし(78ページ参照)、早めに使い切るようにしましょう。飼育している頭数が少ない場合は、できるだけ小さな梱包のものを選んで購入するとよいでしょう。

また、包装が適切であること(密閉、遮光されているなど)、継続して入手できるか、という点も気を付けてください。

るからです。

また、決まった量を与えつつ体格などをよく観察、必要に応じて量を加減し、「わが家の適量」を決めていきましょう。

ペレット以外に乾燥野菜などがミックスされているものは、ペレット以外のものばかり食べてしまうことがあります。そうなるとペレットの長所である栄養バランスがとれないので、注意が必要です。

ペレットの与え方

ペレットは表示された量や体重の5%の量など、一定量を計って1日の決まった時間に与えるようにしていきましょう。成長期を除き、ペレットが常に食べられる状態にしておくことはおすすめしません。一般に牧草よりも嗜好性が高いので、ペレットを食べ過ぎることがあり

おなかすいたなぁ

デグーの副食

大好きなお野菜をモグモグ中♥

野菜

バリエーションを増やすため

　牧草とペレット以外の食べ物も食事メニューに加えましょう。

　野菜はビタミンやミネラルが豊富で、種類も多く、手に入りやすい食材です。季節によって旬のものを与える楽しみもあります。食べてくれる食材のバリエーションを増やすのはとてもよいことです。少しずつ与えながら、特に好むものを探してみましょう。

与えてよい野菜の種類

　コマツナ、チンゲンサイ、ミズナ、キャベツ、ニンジンの葉、ダイコンの葉など一般的に草食ペットに与えている葉野菜をデグーに与えることができます。

　与え方に注意が必要とされるものもあります。レタスは栄養価が高くないうえ水分が多く、与えるメリットがありません。キャベツや豆類を多給すると鼓腸症になりやすいともいわれますが、ごく少量をメニューに加えるぶんには問題ないでしょう。また、ニンジンなどの根菜類は糖質が多いので、気になるのであれば、与えないか控えめにします。

野菜の与え方

　毎日1種類を日替わりでも2～3種類を週に数回でも決まりはありませんが、主食をきちんと食べられる程度の量にしましょう。

　野菜は水分が多いので、たくさん与えると

表　デグーに与えてよい野菜の例とその栄養価（100g中）

野菜名	水分	タンパク質	脂質	炭水化物	炭水化物のうち不溶性食物繊維	炭水化物のうち水溶性食物繊維	ナトリウム	カリウム	カルシウム	マグネシウム	リン
コマツナ	94.1	1.5	0.2	2.4	1.5	0.4	15	500	170	12	45
ブロッコリー	89	4.3	0.5	5.2	3.7	0.7	20	360	38	26	89
キャベツ	92.7	1.3	0.2	5.2	1.4	0.4	5	200	43	14	27
皮付きニンジン	89.1	0.7	0.2	9.3	2.1	0.7	28	300	28	10	26
パセリ	84.7	4	0.7	7.8	6.2	0.6	9	1000	290	42	61
ダイコン葉	90.6	2.2	0.1	5.3	3.2	0.8	48	400	260	22	52
	(g)	(g)	(g)	(g)	(g)	(g)	(mg)	(mg)	(mg)	(mg)	(mg)

尿量が増えます。軟便になることもあるので便の状態もよく観察しましょう。

乾燥野菜

市販の乾燥野菜をメニューに加えることもできます(写真)。添加物を使っていないものを選びましょう。生野菜よりも乾燥野菜を好むデグーも多いようです。水分が減るぶん、味が凝縮するということもあるでしょう。なお、乾燥させることでビタミンCの含有量は減少します。

かさが減って軽くなるため、生野菜よりもいろいろな種類を一度に与えても主食の邪魔にはなりません。最近では種類も豊富になっています。

市販の乾燥野菜のようにしっかりと水分を飛ばしてあるものなら保存性が高いですから、何種類も用意しておき、日替わりで与えることもできるでしょう。

わが家で乾燥野菜

乾燥野菜は、家庭用の一夜干しネット、ドライネットなどを使って自宅で作っておくことができます。天気がよい日が続くときに作るとよいでしょう。自家製のものは水分が残りやすく、保存性はよくありませんから、数日で食べきる程度の量を作るようにします。密閉できる袋に入れて保存しましょう。

ニンジン　ニンジンの葉　ダイコン　キャベツ　小松菜　ブロッコリーの葉

※『七訂食品成分表』より

鉄	亜鉛	銅	ビタミンA(カロテン)	ビタミンE	ビタミンK	ビタミンB1	ビタミンB2	ナイアシン	ビタミンB6	葉酸	パントテン酸	ビタミンC
2.8	0.2	0.06	3100	0.9	210	0.09	0.13	1	0.12	110	0.32	39
1	0.7	0.08	810	2.4	160	0.14	0.2	0.8	0.27	210	1.12	120
0.3	0.2	0.02	50	0.1	78	0.04	0.03	0.2	0.11	78	0.22	41
0.2	0.2	0.05	8600	0.4	17	0.07	0.06	0.8	0.1	21	0.37	6
7.5	1.0	0.16	7400	3.3	850	0.12	0.24	0.27	1.2	220	0.48	120
3.1	0.3	0.04	3900	3.8	270	0.09	0.16	0.5	0.18	140	0.26	53
(mg)	(mg)	(mg)	(μg)	(mg)	(μg)	(mg)	(mg)	(mg)	(mg)	(μg)	(mg)	(mg)

タンポポ　　　　　　ナズナ　　　　　　　クワ

レンゲソウ　　　　　オオバコ　　　　　　ビワ

野草

　野菜と違って品種改良などがされていない自然のままの植物という意味で、野生のデグーが本来食べているものに最も近いのが野草です。タンポポやオオバコなどおなじみの種類が、乾燥させたタイプとして市販されています。

　野草類には薬効成分が含まれていることも知られています（たとえばタンポポは利尿作用があるなど）。同じ種類を一度にたくさん与え過ぎないようにしましょう。

野草摘みをしよう

　春から夏にかけて、公園や河川敷などで野草が盛りとなります。機会があればデグーのために摘んであげるのもよいでしょう。

　犬猫の排泄物、排気ガス、農薬・除草剤などで汚染されていない場所を選んでください。タンポポ、オオバコ、ナズナなど、与えても問題のないものを摘みましょう。種類がわからなかったり、安全性が確かめられないものは与えないでください。

イタリアンパセリ

ミント

バジル

タンポポやアザミなどの野草にミントやマリーゴールド、アンティチョークなどの入ったミックスタイプ

乾燥レモンバーム

ハーブ

ハーブは私たちがハーブティや料理のアクセントとしてよく使うものですが、薬効成分をもつ薬草として長い歴史をもっています。安易に薬効を求めて与えることはおすすめできませんが、食事メニューの1つに加えることはできます。

イタリアンパセリやミント、バジルなどは安心して与えることのできる種類です。ただし野草と同様に、1つの種類を一度にたくさん与えないようにしてください。

ハーブを育てよう

市販のハーブ、小動物用の乾燥ハーブを与えるほかに、家庭でハーブを栽培することもできます。種からも育てられますし、苗から育てれば比較的簡単で、すぐに収穫できます。与える楽しみだけでなく育てる楽しみも味わうことができるでしょう。

与える量を飼い主がコントロールできるよう、デグーに盗み食いされるような場所には置かないようにしましょう。植木鉢があるとデグーは喜んで土を掘りますから、そうした意味でも置き場所には注意してください。

そのほかの食材

上手な取り入れ方

　野菜、野草やハーブのほかにデグーに与えることができるものには、穀物、果物や種実類があります。多くのデグーにとって大好物の食材です。

　しかし、与え過ぎると肥満になるなど、デグー本来の「粗食」からは離れた食事メニューだということも理解しましょう。食べたがるからといってどんどん与えていては、デグーの健康を守ることができません。糖尿病を心配するなら、なおさら与え過ぎてはいけない食材です。

　これらは日々の食事メニューというより、とっておきのおやつやどうしても食欲を取り戻してほしいときなどに、ほんの少しだけ与えるという使い方がおすすめです。

　なお、「とっておきのおやつ」がこれらの食材でなくてはならないわけではありませんから、無理をして取り入れる必要はないのですが、「打つ手」は多いに越したことはありません。

穀物類、果物、種実類

　穀物にはオートミール（オーツ麦）、大麦圧ぺんや、粟の穂などがあります。穀物類は炭水化物（糖質、なかでもでんぷん質）が豊富です。

　果物はそのままで与えるほか、乾燥させたタイプも市販されています。果物はビタミン豊富な食材ですが、糖質も多く、与え過ぎれば肥満の原因になります。過度に与えるのは控えたほうがよいでしょう。

　種実類とは、ひまわりの種やかぼちゃの種などです。脂肪分が多い食材です。過度に与えることのないよう気を付けましょう。

クコの実　　　　　オートミール　　　　乾燥パパイヤ

乾燥リンゴ　　　　乾燥レーズン　　　　乾燥赤穂

食生活のプラスアルファ

デグーに与えてはいけないもの

デグーには、安全だとわかっている食べ物を与えてください。毒性のあるものを与えてはいけないのは当然ですが、人が普通に食べているもののなかにも注意が必要なものがあります。

毒性が知られているもの

ネギ類（玉ネギや長ネギ）のアリルプロピルジスルフィド、ジャガイモの芽や緑色の皮のソラニン、生のダイズの赤血球凝集素、アボカドのペルシン、バラ科サクラ属（サクランボ、ビワ、モモ、アンズ、ウメ、スモモ、非食用アーモンド）の熟していない果実や種子に含まれるアミグダリン、ピーナッツの殻に生えるカビのアフラトキシンなどは毒性をもつ成分です。絶対に与えないようにしてください。

人の食べ物

人の食べるケーキやクッキーなどのお菓子をデグーに与えるのはやめてください。脂肪分や糖分、塩分が多過ぎるだけでなく、チョコレートには中毒症状を起こす成分が含まれています。

野菜は人もデグーも食べるものですが、ドレッシングをかけた生野菜や、人が食べるために調理をし、味付けをしたものはデグーにふさわしくありません。また、お酒やコーヒー、加糖されたジュースなどの嗜好品も与えないでください。

そのほかの注意が必要なもの

牛乳は、乳糖を分解できずに下痢をすることがあるので与えないでください。ミルクを飲ませる必要があるときはペット用ミルク、ヤギミルクを与えます。

カビが生えたり腐敗したものも当然、与えてはいけません。食べ残しは放置せずに捨てましょう。

食べさせちゃダメだよ！

飲み水

　デグーには新鮮な飲み水を毎日、提供しましょう。野生下では乾燥した場所で暮らしているため、わずかな水を効率的に利用できる体の作りをしていますが、わざわざ飼育下でそのような環境にする必要はありません。また、牧草やペレットのような水分量の少ない食べ物を与えているため、水の必要性は高いと考えられます。飲みたいときにいつでも水が飲めるようにしてください。

　いつでもきれいな水を飲めるよう、給水ボトルで与えるのが最もよい方法です。どうしてもボトルを使えないときはお皿で与えますが（倒さないよう重みがあり、ある程度深さがあるもの）、床材や排泄物が入って汚染されないよう、こまめな交換が必要です。

　日本の水道は水質基準が細かく、信頼できるものですから、水道水でも問題ありません。気になる場合は、浄水器を使う、汲み置きをする（ボウルに水道水を入れて一晩ほどそのままにしておく）、湯冷まし（お湯をわかし、蓋を開けてしばらく沸騰させてから常温に冷ます）といった方法があります。ミネラルウォーターを使う場合は、ミネラル分の多い硬水ではなく、軟水を使いましょう。

新鮮な水はおいしい！

サプリメント

　牧草と適切なペレット、さまざまな副食を与えているなら、サプリメントをわざわざ与えなくてもデグーを健康に飼うことができます。牧草だけで不足する栄養素を補うという意味では、ペレットやそのほかの食材がサプリメントの働きをしているともいえます。

　デグーには、ビタミンCサプリメントが必須とされてきましたが、現在の考え方では、デグーはおそらくビタミンCを合成できるので、サプリメントとして添加する必要はないのではないかとされています。

　適切な食事を与えている上で、プラスアルファでサプリメントを与えることもあるでしょう。サプリメントを選ぶ際には、効果の裏付けがあるのかどうかを確かめてみましょう。また、サプリメントとして造粒する際にでんぷん質などの糖質を含むつなぎが使われていることもあるので確認しましょう。

デグーとおやつ

　特別な目的をもち、人が手で与えるデグーの大好物を「おやつ」と位置づけます。

　おやつを与える目的の1つは、デグーを慣らすことです。食べ物、特においしいものをくれる人には慣れやすいので、慣らす過程でおやつを使うと効果的です。慣れてからは日頃のコミュニケーションのために、また、しつけやトレーニングの「ごほうび」としてもおやつを使うことができます。

　そのほかには、投薬や爪切りなどデグーが嫌がることをしたあとで気分を変えるためにおやつをあげたり、食欲増進のためなどにおやつを使うことができます。

おやつの種類

　デグーのおやつになる食べ物は「デグーが大好きなもの」です。おやつと聞くと甘いものなどを連想しますが、必ずしもそうでなくてよいのです。

　ペレットが大好きなデグーなら、ペレットがおやつになります。その日に与える分からおやつ用を分けておき、それを手から与えるのです。この方法なら何度もおやつをあげることが可能になります。

　そのほかには、副食として挙げた野菜などをおやつとして使うことができます。穀類や果物をおやつにする場合は、ごく少量にしてください。

　病気になったときのことを念頭に置き、おやつ代わりにスポイトやシリンジで少量の無添加野菜ジュースを飲む練習をしておくのもよいことです。

おやつは楽しみの1つですが、与え過ぎに注意！

食べ物の保存方法

　ペレットは、開封して空気に触れると酸化やビタミンCなどの劣化が進みます。しっかりと密閉し、日が当たらず風通しのよい場所で保存しましょう。開封後は6カ月くらいで使い切るのが目安です。

　牧草は、密閉できる袋や容器に乾燥剤と一緒に入れて保存しましょう。保存状態のよい牧草はよく食べてくれます。小さな袋の乾燥剤を使っているときは、牧草を与えるときにうっかり一緒にケージ内に入れてしまうことがあるので注意してください。乾燥野菜などの保存方法は牧草に準じます。

牧草が劣化しない対策をしましょう

ペレットの切り替え

　ペレットの種類を切り替えるときは、いきなり新しいものを与えるのではなく、段階を踏んで切り替えていきましょう。急に食べたことのないものを与えると、まったく食べないこともあります。今与えているペレットがなくなる前に切り替えを始めてください。

　最初は、今のペレットを少しだけ減らして、その分、新しいペレットを加えます。新しいペレットを食べるようになったら徐々に割合を増やし、何日かかけて切り替えていくのが基本です。

　すぐに新しいペレットを食べるデグーもいれば、慣れるまでに時間がかかるデグーもいます。

急にペレットを切り替えると、
食べなくなったり、体調を崩すことも……。
切り替えは慎重に！

食にまつわるお悩み

Chapter 5
デグーの食

Q1. 牧草をあまり食べてくれなくて困っています

A. 臼歯の不正咬合があって食べないこともありますから、まず病気の可能性を排除するため、動物病院で健康診断を受けておくとよいでしょう。

牧草を食べない理由の1つは保存方法がよくないことです。香りが落ちたり歯ごたえが悪くて食べたがらないことがありますから、保存はきちんとすること。また、お天気のよい日に天日干ししたり、電子レンジにかけて水分を飛ばしてから与えると香りや歯ごたえがよくなるために食べてくれることがあります。同じチモシー1番刈りでも産地による好みの違いもありますから、違う産地のものに変えてみたり、違う種類の牧草を与える方法もあります。牧草を編んで作ったおもちゃから慣らしていくのもよいでしょう。

こまったデグー

Q2. 好き嫌いが多く、決まったものしか食べてくれません

A. 若いうちからいろいろなものを食べる経験をしていないと、目新しい食べ物を警戒することが多くなります。決まったものしか食べないと言っても、適切な牧草とペレットを中心の食生活をしていればすぐに問題が起きるわけではありません。しかし、たとえば食べていたペレットが廃番になったり、高齢になるなどして牧草の種類を変えたいときなどに困ることになります。少しずつでも食べられるものの種類を増やしていきましょう。最初は、穀類や果物のような嗜好性がとても高いおやつから始め、決まったもの以外を食べる経験を積み重ねていくこともできます。なかなか食べてくれないと焦らず、時間をかけてやっていきましょう。

こまったデグー

Q3. 急にペレットを食べなくなりました

A. 不正咬合など病気の可能性もあるので、まずは動物病院で診察を受けておきましょう。

種類は同じなのに、新たに買ってきたペレットを食べてくれないというときに考えられるのは、製造ロットの違いです。ロットとは製品を作るときの大きな単位で、同じロットなら原材料も同じです。ロットが違うと原材料の仕入先が違うなど微妙な変化がある可能性があり、デグーがそれに気づいて食べなくなることがあるのです。可能なら、ペットショップやメーカーに問い合わせて、前と同一ロットのものを探してもらいましょう。日頃から複数のペレットを与え、受け入れられる食べ物の幅を広くしておくのも1つの方法です。

デグー写真館 *Part 2*

デグーの至福のときを飼い主さんが激写!

飼い主の手の上で
ご満悦!

ごはんと一緒に
愛情ももらっています

がじがじ大好き!

鼻チューで愛情表現!

それぞれ、
まったりくつろぎ中

おやつを食べてご機嫌だよ

PERFECT PET OWNER'S GUIDES

Chapter 6

デグーとの
暮らし

デグーを迎えたら

Chapter 6
デグーとの
暮らし

慣らし方の例

DEGUちゃん♪

食事のときに声をかけよう

手のひらに
好物を乗せて、
見せてあげよう

デグーを迎えるときまでに

　デグーを飼うことを決意したら、迎える日までに飼育用品を準備しておき、ケージの置き場所も決めましょう。迎えてからケージをあちこちに移動していると、デグーが落ち着きません。ケージを置く場所の1日の環境の変化（温度や日当たり、騒音など）を事前に知って、デグーが適切に過ごせるかどうかを考えておくことがとても大切です。

　デグーを迎える日から数日間は、なにかあったときに対応できるよう、飼い主はできるだけ家にいられるようにしましょう。

　ペットショップなどで、デグーが暮らしていた場所のにおいのついた床材を少し分けてもらい、新しい床材と混ぜておくと、デグーを安心させることができてよいでしょう。

デグーがわが家にやってきた

step1：新居に慣らす

　最初のステップは、デグーを新しい環境に慣らすところからです。人と強い信頼関係を結ぶことのできるデグーですが、新しい住まいがどんなところなのか、新しい飼い主がどんな人なのか、いきなり理解することはできません。デグーをその子のにおいのついた床材と一緒にケージの中に移したら、むやみにかまわず、そっとしておきましょう。

　そして、ケージに布をかけて情報を遮断するようなことはせず、デグーが周囲の様子を観察できるようにしておきます。飼い主はいつも通りの（騒がし過ぎない）日常生活を送りながら、デグーに新しく聞こえてくる生活の音、においなどを体験させます。

　新しい物音やにおいに最初は警戒します

ケージのなかで
コミュニケーションがとれてきたら、
徐々にケージの外に出していこう

が、「この音やにおいがしても怖いことは起こらない」と徐々にわかってくるでしょう。

step2：人に慣らす

　日々の世話を手早く行いながら、デグーが新しいケージ内での暮らしに慣れるのを待ちます。掃除は、ひどく汚れた場所だけを簡単に片付けるくらいにしておきます。

　食事を用意するときには名前を呼び、「この声がすると食べ物が出てくる」と教えていきましょう。無理はせず、世話のとき以外はかまわないでおきますが、ケージのそばに座って本を読んでいるなどして、「この人が近くにいても嫌なことは起こらない」と少しずつ理解してもらいましょう。

step3：積極的に仲良く

　人が近くにいても気にしないで寝床から出てきたり、食事をするようになってきたら、徐々に積極的にコミュニケーションをとっていきましょ

う。好物を手のひらに乗せてケージの中に入れ、食べにくるのを待ちます。このときも優しく名前を呼びましょう。

　手を怖がらず手から好物を食べたり、人が近づいて名前を呼ぶと寄ってくるようになってきたら、ケージの外でのコミュニケーションを始めます。86ページを参考に室内散歩の準備をしておきましょう。

　ケージの扉を開け、好物を乗せた手のひらにデグーを誘導し、84ページの要領で抱いてケージから出します。室内（ケージの外）では、デグーを追いかけたりせず、近くに来たり、名前を呼んで寄ってきたときに好物を与えるようにします。

デグーとの接し方

「仲良くなる」ことの大切さ

　デグーを迎えたら、よく慣らすことを1つの目標にしてください。デグーと仲良くなるのは飼い主にとっても楽しいことですが、人のためばかりではありません。人に慣れることは、人の暮らしのなかで生きていくデグーにとっても大切なことなのです。

　環境にも人にも慣れず、怖がってばかりいる暮らしはデグーにとって大きなストレスになりますし、ストレスは病気の引き金にもなります。

　デグーが安心して穏やかな気持ちで毎日を過ごしてくれるように、デグーと仲良くなりましょう。デグーを抱いたり体をなでたりすることは、健康管理や病気の治療、看護のためにも必要です。

　なによりデグーは仲間を求めている動物です。特に、ケージに1匹だけで暮らしているデグーとは、飼い主が仲間になってあげてほしいのです。

　もちろん、人とデグーとは違う種類の動物ですし、言葉も違います。最初は警戒されるのはしかたのないことです。

　しかしデグーは賢い動物ですから、怖がらせるようなことをせず、愛情をもって接していれば信頼関係を作ることができるはずです。諦めず、根気強くコミュニケーションをとっていきましょう。

慣れないうちは容器などを使って

慣れにくい子との接し方

　「慣れやすい」といわれるデグーですが、人と同じように個性、個体差があります。慣れるまでに時間がかかることもあるのは理解しておきましょう。

　恐怖の記憶は消えにくいといいますから、大きな物音や乱暴な扱い方など、デグーを怖がらせるような接し方はしないでください。

　また、飼い主のほうが緊張したり、びくびくしているとデグーも警戒します。深呼吸をし、穏やかな気持ちで接するようにしましょう。

　デグーをケージの外で遊ばせるのは、人に慣れてからにしてください。ケージに戻すときに追いかけたり無理に捕まえると、人が怖くなってしまいます。

　まだ慣れていないときにケージから出す必要がある場合は、小さいプラケースや筒状のものを利用し、直接つかまないほうがよいでしょう。

デグーの抱き上げ方

慣れると、名前を呼んだり、好物を見せるだけで手に乗ってきてくれるようにもなりますが、飼い主がデグーの動きを抑制する方法も知っておく必要があります。デグーにとっても、動きを制限されることは決して嫌なことではない、と理解できれば、ストレスの原因を減らすことになります。デグーの動きを抑制するための上手な抱き上げ方を覚えましょう。

デグーの基本的な抱き上げ方は、デグーの左右から両手ですくうようにする方法です。急に触ってびっくりさせないよう、後ろからではなく前からアプローチしてください。

持ち上げたらすぐに片手を背中に添えて、両手で包み込むようにして抱き上げましょう。手から抜け出さないよう、多少は抑えこむかたちになりますが、決して力を入れ過ぎないでください。

やさしく両手で包み込むように

こんな持ち方は要注意

✘ しっぽをつかむ

しっぽをつかむと、途中から切れてしまう危険があります。切れたしっぽが再び生えることはありません。また、ちょうど手袋や靴下を脱ぐように、しっぽの皮膚が剥けてしまうこともあります（156ページ参照）。

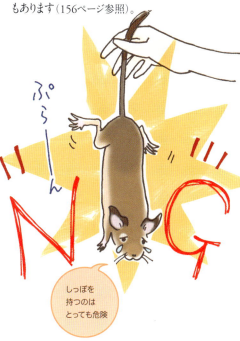

しっぽを持つのはとっても危険

✘ 背中側からつかむ

よく慣れてくれば問題ないこともありますが、慣れていないデグーにとって頭上や背後から近づいてきてつかまれるというのは、天敵である猛禽類に捕獲されるようなものです。

✘ 立ったままで持つ

慣れていないとデグーは手から逃げ出そうとして落ちます。またデグーが人の手を噛み、はずみで落としてしまうこともあります。落下事故を防ぐために、デグーを手に持つときは座ってください。

デグーの室内散歩

Chapter 6 デグーとの暮らし

室内散歩のすすめ

　デグーがよく慣れてきたら、部屋に出して遊ばせてあげるとよいでしょう。ただし室内の安全が確保できていることが前提です。

　飼い主と触れ合う時間が増え、より密度の濃いコミュニケーションが可能になります。

　また、デグーは広い行動範囲をもっている動物なので、運動の機会を増やすのは大切なことです。

　また、好奇心旺盛なデグーにとって退屈はストレスでもあります。室内を探検したり、アジリティに取り組んだりすることは(114ページ参照)、デグーを心身ともに健やかにしてくれるでしょう。

●**頻度**…室内散歩をさせるなら、毎日が理想的です。ケージから出られることを知ると出たがるようになり、出られないと金網をかじるなどの問題行動を起こすことがあります。

●**時間帯**…理想はデグーの活動時間である昼間(朝や夕方)です。

●**時間の長さ**…目を離さずに一緒にいられるのはどのくらいかを考え、家庭ごとに決めるとよいでしょう。長すぎると室内で排泄をしたり、ケージ暮らしがストレスになるのでほどほどに。

室内散歩の注意点

〔狭い隙間〕
巣穴を作って暮らすデグーは、狭い場所に入り込むのが得意です。家具の隙間など、入り込まれては困る場所はふさいでおきます。また、安全対策を施してある部屋から出たり、屋外へ脱走しないよう、隙間の確認をしておきましょう。

〔ものをかじる〕
柱や木製家具の角をかじることがあります。コーナーガードなどで対策をしましょう。書類など大切なもので、かじられて困るものは、デグーの届かない場所にしまっておいてください。

〔敷物類の下〕
床に敷いたラグマットの下、座布団やクッションの下などにもぐりこみます。気がつかずに踏んでしまうと大変危険なので、遊ばせている間は、デグーがどこにいるのか常に確かめておきましょう。

〔電気コード〕
電気コードをかじればデグーが感電したり、漏電して火災の原因になったりします。デグーの届かない場所に配線するか、保護カバーなどを使ってください。カバーもかじってしまうことがあるので、こまめに点検しましょう。

〔人〕
室内で最も危険なのは「人」かもしれません。慣れたデグーは人に寄ってくるため、足元に気をつけないとうっかり踏んだり、蹴ったりしてしまいます。デグーを遊ばせている部屋では「すり足」で歩くくらいの注意が必要です。また、ドアの開閉時にはさんだりしないよう気をつけましょう。

〔その他の注意〕
犬や猫、フェレットなど、デグーを襲う可能性のある動物とは接触させないようにしましょう。

殺虫剤や医薬品、毒性のある植物、人の食べ物、毒性はなくてもかじって飲み込むと危ないもの(ビニールやゴム類、ビーズなどの小さなものなど)は片付け、家具の裏に粘着タイプのゴキブリ取り、ホウ酸団子などがないかも確認してください。

ただ今、お散歩中

ペットサークルやベビーサークルを使って、限られたスペースの遊び場を作ることも可能です。デグーはサークルの隙間が3cm程度でも脱走できるので、目の細かい網などを使って工夫しましょう。

デグーの世話

大切な日々の世話

　毎日行わなくてはならないのが、食事や飲み水の準備、ケージ内を掃除するなどの世話です。野生での暮らしと違い、飼育下のデグーは快適な環境を求めて移動することも、自分で食べ物を探しに行くこともできません。飼い主の世話がなければ生きていけないのです。

　それに加えて、健康状態を観察し、コミュニケーションをとることも、デグーとの暮らしには欠かせません。

　ここでは毎日の世話の一例を紹介しますが、世話ができる時間は家庭によって異なるでしょう。デグーの活動時間を優先しながら、なるべく時間に追われずに世話ができるスケジュールを組むようにしましょう。

毎日の世話

❶朝、食器を取り出し、前の晩からの食べ残しがあれば捨てます。食器は水洗いして乾かしておきます。

❷ケージ内のステージ上の食べこぼし、排泄物の汚れなどを取り除きます。汚れがひどければ除菌消臭剤などを使って拭き掃除します。

❸野菜などの水分のある食べ物を寝床や床材に隠している場合もあるので、取り除いて捨てます。

❹排泄物で汚れた床材を捨て、新しい床材を補充します。

❺ほかにも食べこぼしなど汚れた部分があれば取り除いておきます。

❻ケージの周囲が排泄物で汚れていたら掃除します。

❼給水ボトルをよくゆすぎ、飲み口も水洗いしてから、きれいな水を補充してケージに取りつけます。

❽食べ物を入れた食器をケージの中に入れます。牧草を補充します。食べ残している牧草はいつまでもそのままにしておかず、新しいものに入れ替えてあげましょう。新しくしてあげることでよく食べるようにもなります。

◉日々の掃除の注意点
＊掃除をしている間は、デグーに除菌消臭剤がかかったり、ティッシュなどで遊んだりしないよう、キャリーバッグや別のケージに移しておくほうが安心です。

小さな掃除用具は便利

＊デグーはよくものをかじるので、ケージ掃除をしながら、寝床などのグッズがどのくらいかじられているのか、爪を引っかけそうな箇所はないかを確認してください。また、ケージ底のプラスチック部分に穴が開いていないかなどのチェックをする習慣もつけましょう。

＊除菌消臭剤は、舐めても問題のない安全性の高いものを選んでください。

＊排泄物の汚れは毎日、掃除するべきですが、デグー自身のにおいが消えるほどきれいにしてしまうとかえって落ち着かなくなります。毎日の掃除は「こぎれい」程度にしておくのがよいでしょう。

＊デグーを部屋で遊ばせる場合は、日頃から部屋をきれいに掃除しておきましょう。遊ばせたあとは排泄をしていないかを確認し、掃除をしましょう。

Topics
ときどき行う世話

毎日の世話のほかにも、状況に応じて行う世話があります。ケージの汚れ具合によっても頻度は異なります。

● 週に1回程度、食器、給水ボトルの殺菌洗浄。哺乳瓶用の消毒剤を使い、水洗いします。ボトルの水垢は哺乳瓶用の洗浄ブラシなどでこすり洗いを。

● 汚れ具合に応じて、ケージ内のグッズ（寝床、ステージなど）を洗います。流水でこすり洗いしたあと天日でしっかり乾かしましょう。

● 汚れ具合に応じて、ケージ全体を水洗いします。毎日の掃除では手が回りにくい、細かな隙間の汚れをスポンジなどでよく落としておきましょう。

ときどきの掃除の注意点

デグーは、自分のにおいがしないと不安になります。飼育グッズの洗浄とケージの洗浄は別々のときに行い、においを消さないようにしてください。また、まだ慣れていないうちは、大がかりな掃除はしないほうがよいでしょう。

排泄物で汚れた床材は取り替えよう

毎日の健康チェック

デグーの健康状態を把握し、病気の兆候を発見するために大切なことが、毎日の健康チェックです。「具合が悪い」と言葉で伝えてはくれませんから、デグーのさまざまな状態から健康状態を確認する必要があります。毎日の世話のなかに、健康チェックを取り入れましょう。

健康チェックのポイント

排泄物を片付けて捨てる前には、便の大きさや量、尿の量などに変化がないかをチェックしましょう。

食器を下げるときは食べ残しを確認します。食事を与えるときには与えた食事をすぐに食べ始めるかどうかで、食欲があるかどうかを判断することができます。また、ケージ内に散乱した牧草の総量も気にしてください。

給水ボトルの水を交換する際には、飲んだ水の量が大きく変化していないかを確認します。食事の内容や温度・湿度、活動量などによっても飲水量は変わりますが、病気との関連性もあります（147ページ参照）。ボトルに水を入れるときに必ず同じ量を入れるようにすると判断しやすいでしょう（目印になる場所を決めたり、線を引いておく）。

ケージのそばに行ったときや遊ばせているときには、元気のよさ、外見や動きに変化がないかを見ます。体をなでたりしてコミュニケーションをとるときにも、痛がるところがないか、脱毛やできものがないかなどを確認しましょう。

このように、健康チェックの多くは世話や遊びのなかに取り入れることができます。それ以外に、週に1回などと決めて体重測定を行うとよいでしょう。

世話と健康の記録をつけよう

その日に行った世話や健康状態を記録にとっておくとよいでしょう。いつ頃から具合が悪くなっていたのか、原因などを推測する手がかりになります。

細かく記録をとるなら、食事内容、飲んだ水の量、世話の内容、天候や温度、遊ばせた時間、排泄物、体の状態、体重などの項目をたてることができます。そこまでできなくても、いつもと違うものを与えたとき、気温など環境が大きく変化したとき、気になる状態があったときや、周囲に起きた変化（遊ばせる時間が減った、道路工事の振動が大きかったなど）といったことだけでもメモしておくと、振り返るときに役立ちます。

Point

健康チェックのポイント

- ☐ ケージ掃除のときに排泄物チェック
- ☐ 食べ残し＆食事の食べ方を見て食欲チェック
- ☐ 水交換をするときに飲水量チェック
- ☐ 遊ばせながら元気、外見や動きをチェック
- ☐ コミュニケーションをとりながら体のチェック
- ☐ 定期的に体重測定

デグーと砂浴び

砂浴びの理由

　デグーには定期的に砂浴びをさせる必要があります。体の汚れや余分な皮脂を取り除いて、被毛を清潔に保つためです。また、群れのメンバーが同じ場所で砂浴びをすることによって、同じにおいを共有するという理由もあります。

　被毛がきれいに保たれていたり、単独飼育をしていて、においの共有が必要ない場合でも、デグーは砂浴びをします。本能的に身についた行動なので、飼育下で再現させることには環境エンリッチメント(28ページ参照)の意味もあります。

ただ今、砂浴び中

砂浴びの方法

●容器…容器に砂を入れれば、砂浴び場ができあがります。容器は専用のものもありますし、ほどよい形の容器を使うこともできます。デグーは砂を掘ったり、砂の上に転がって背中をこすりつけるようにするので、砂が飛び出さないよう、ある程度高さがあり、最低でも横になれるくらいの床面積のあるものがよいでしょう。

●砂…砂はチンチラ用の非常に細かい粉状の砂や、小動物用の砂があります。被毛の汚れを取るという目的を考えれば細かいほうがよいですが、デグーによって好みがあるので、いくつか試してみてもよいでしょう。砂の量は多い必要はなく、深さは2～3cmあれば十分です。

●頻度…週に2～3回は行いましょう。

　時間を決めてケージの中に砂浴び容器を入れるか、遊びの時間に砂浴び容器を用意します。長時間だと排泄したりするので、1回の時間は短くてよいでしょう。排泄物は毎回取り除いてください。

●砂浴びの注意点

＊ 砂浴び容器をケージに入れたままにしていると、排泄することがありますから、常設しないほうがよいでしょう。

＊ 必ずしも専用の砂ではなくともよいのですが、トイレ砂の場合、濡れると固まるタイプは避けます。

＊ なかには砂を食べる個体がいます。砂の種類を変えたり、砂浴びをし終えたらすぐに容器を取り出しましょう。

＊ 週に1回を目安に砂を交換します。

＊ 細かい砂が舞い飛んで周囲の精密機器を壊すこともあります。近くに置かないようにしたり、カバーをかけましょう。

デグーのお手入れ

デグーに必要なお手入れとは

動物によっては、シャンプーやブラッシング、トリミング、爪切り、耳掃除、歯磨きなど、飼い主がお手入れをする必要があります。デグーの場合、体をきれいにするためには砂浴びをさせればよく、シャンプーは必要ありません（薬浴など特殊なケースはあります）。トリミングや耳掃除、歯磨きもデグーに行う必要はないものです。

ブラッシングも必要はないですが、デグーは毛づくろいをされるのが好きなので、嫌がらないなら取り入れてもよいかもしれません。

爪切り

お手入れのうち、必要性の高いものは「爪切り」です。

野生下のように活発に動きまわっていれば爪は削られますし、伸びすぎると違和感があるのか自分でかじって短くすることもよくあります。しかし、爪が伸びすぎるとケージの継ぎ目や狭い場所に引っかける、グルーミングするときに目を傷つける、内側に巻き込みながら伸びて手のひらや足の裏に当たる、爪が邪魔になって足をきちんと床につけないなどの問題があります。必要に応じて爪切りをしましょう。

ウサギなど小動物用の爪切りや人の赤ちゃん用の爪切りなどで、自分が使いやすいものを選んでください。

爪切りは2人で行うほうが安全です。1人がデグーを抱っこして安定させ、もう1人が爪を切ります。爪の根元近くには血管があるので、無理せず先端だけをカットするようにしましょう。

Topics
デグーの爪

爪の根元近くには、血管があります

小動物用の爪切りや人の赤ちゃん用の爪切りが使いやすいでしょう

先端のとがった部分だけを切ります

寒さ対策

デグーと冬

　デグーは、野生下では標高1200mほどの厳しい気候の下で暮らしています。そのため寒さには強いと思われがちですが、地下の巣穴の中はそれほど冷え込みません。野生のデグーは、寒いときには巣穴の中で寒さから身を守っているのです。また、群れで暮らしているので、何匹もが集まって暖かく過ごしています。野生であっても決して「寒さに強い」わけではありません。

　冬になんの対策もせずに寒い部屋で飼っていると、デグーは低体温症になってしまうこともあります。寒い時期には、暖かな環境を作ってあげましょう。デグーのいる場所の温度が20℃を下回らないようにしてください。特に、幼いデグー、高齢や病気のデグーがいる場合には、温度管理は大切です。

　また、日本の冬は空気が乾燥しがちですし、暖房を使っているとますます湿度が下がります。湿度は50％が適切とされています。40％以下にならないように管理しましょう。

具体的な寒さ対策

＊ 室内全体を暖かくするときは、エアコンやオイルヒーターが安心です。暖かい空気は上昇するので、床の上に置いてあるケージの周囲は寒いことがあります。ケージの近くで温度を測ってください。

＊ ケージ内で使うペット用暖房装置には、ケージの下に敷くもの、天井に取り付けるもの、側面に取り付けるものなどがあります。使いやすいものを選びましょう。かじり癖がある個体には、ケージの外側から暖めるタイプが適しています。

＊ 巣箱の下にペットヒーターを置くときは、巣箱の中が暖まりすぎて逃げ場がなくならないよう、底面積の半分くらいを暖めるようにするとよいでしょう。

＊ ケージにフリースなどの布をかけるのも寒さ対策になりますが、すべての面を覆うと空気がこもり、暑くなりすぎたり、不衛生となります。全体を覆わず、前面を開けるなど空気の通り道をつくってください。

＊ フリースはケージ内に入れておくとデグーがもぐりこみ、暖かい寝床にもなりますが、布をかじる癖のある個体の場合には使わないようにしてください。

冷気は部屋の下のほうにたまりやすい

暑さ対策

デグーと夏

　デグーの生息地では、夏の日中は気温が高くなります。デグーは本来、昼行性ですが、暑い日中には活動をせず、地下の巣穴の中で休み、涼しい時間に活動しています。暑さは苦手なのです。

　飼育下でも、暑さ対策が欠かせません。地域にもよりますが、毎年、何日間も猛暑日がある昨今の日本で、なんの対策もせずにデグーを飼えば、すぐに熱中症になってしまいます。

　世間では節電やエコが求められていますが、デグーに限らず動物を飼育しているなら、その動物に合った室温になるよう、温度管理をしてください。デグーの適温は20℃前後といわれています。この温度を実現するのはなかなか難しいことですが、可能な限り涼しい環境を作りましょう（個体によっては寒がること

も）。資料によっては24℃を適温とするものもあります。どうしても温度が高くなる場合は、湿度を低く保つようにしてください。

具体的な暑さ対策

＊ 夏の温度管理はエアコンで行ってください。暑い時期には、1日中つけておくのが理想です。夜は涼しいなら、昼間だけでもエアコンを使ってください。

＊ ケージの置き場所は、窓のそばや直射日光が当たるところは避けましょう。

＊ ケージ内に置くことのできる冷却グッズもあります。材質によって好き嫌いがあるでしょう。保冷剤は厚手の布で巻く、容器に入れるなどの工夫をして、デグーが直接保冷剤に触れないようにしてください。

＊ 温度や湿度が高いと不衛生になるので、排泄物の掃除や食べ残しの片付け、飲み水の交換はこまめに行いましょう。

＊ 5月から10月頃にも暑い日があります。外出するときには天気予報を確認し、暑くなるようならエアコンの設定をするなどの対応をとりましょう。

Topics

夏に必要!?「寒さ」対策

　デグーは、暑いのも寒いのも苦手です。夏に涼しくし過ぎて体を冷やしてしまうこともあるようです。そこで自分で快適な温度の場所が選べるよう、冷房中でもフリースの寝床など暖かい場所を作っておいてあげるとよいでしょう。

留守中に誰かが来てくれると安心

デグーの留守番

旅行や出張などで家を留守にする予定があるときは、デグーの世話をどうするのか早めに考えておきましょう。

デグーだけで留守番させる

デグーが健康で、給水ボトルから水を飲むことができ、温度管理がきちんとできる前提であれば、1～2泊ならデグーだけで留守番させることができるでしょう。

日数分のフード類と、牧草は多めに用意しておきます。給水ボトルは落としたり、かじって壊すことを考え、2つつけておくと安心でしょう。その場合、どちらのボトルからも水を飲めることを確認しておいてください。

退屈しないよう、かじるおもちゃなども入れておきます。留守番直前に目新しいものを用意せず、安全に遊べるかどうか観察する時間も作りましょう。

相性のよくないデグー同士を同居したままにしておいたり、お試し同居させておくことはやめてください。

急激な気候の変化、停電などの不安があるのなら、誰かに様子を見にきてもらうように頼んでおくとよいでしょう。

世話を頼む

◖家族や知人に頼む◗

可能なら、家族や知人に世話をしに来てもらいましょう。いつもきめ細かな世話をしているとしても、誰かに頼むときには最低限の世話だけにしておきます。世話をするときに逃したりしないよう、デグーの扱いに慣れている人のほうが安心です。緊急連絡先を必ず伝えておきましょう。

◖ペットシッターを頼む◗

留守宅に来て世話をしてくれるのがペットシッターです。デグーに慣れたペットシッターはほとんどいないと思われますので、小動物の世話ができる方を探し、事前によく打ち合わせをしておきましょう。ペットシッターは1日に何軒も依頼先を回っている場合が多く、犬や猫のにおいがしていることも少なくないでしょう。気になるようであれば、一番最初に訪問してもらえないか、相談してみてもよいでしょう。

◖預ける◗

安心して預けることのできるペットホテルがあれば利用する方法もあります。犬猫と同じ部屋ではないかなど、事前に十分な確認を。動物病院やペットショップで預かってくれることもありますが、かかりつけや常連のみということもあるので、確認してみましょう。

デグーとお出かけ

　動物病院や預け先などにデグーを連れて出かけるときには、できるだけデグーに負担がかからないよう準備をしてください。特に病気のデグーを病院に連れていくときや幼い個体、高齢デグーの移動時には温度管理などに注意しましょう。

移動用キャリーバッグ

　キャリーバッグや小さなケージを用意します。狭いとかわいそうと思いがちですが、広過ぎるとかえって落ち着きません。フリースや柔らかい牧草を寝床として厚く敷き、もぐり込んでいられるようにするのがよい方法です。準備期間があるときは、数日前からケージ内で寝床として使わせて、においをつけておくとなお安心でしょう。

　移動時の水漏れを防ぐため、給水ボトルがつくタイプでも外しておき、代わりに水分の多い野菜を入れておいたり、休憩時間にボトルを取り付けましょう。

温度対策

　緊急の移動以外では、夏なら早朝や夕方以降、冬なら日中など、できるだけ気温が穏やかになる時間を選んで移動しましょう。夏にはタオルで巻いた保冷剤を、冬には使い捨てカイロなどを用意して、キャリーバッグを入れるバッグの中（キャリーバッグの外側）に置き、温度調整をします。使い捨てカイロを使うときはバッグを密閉しないように気を付けてください。

乗り物での移動

　乗り物の中では、振動、騒音、エアコンの送風などに注意してください。

　自動車の中でも、緊急事態以外はキャリーバッグから出さないようにしましょう。暑い時期は、たとえ短時間でもデグーだけを置きっぱなしにしないでください。車中の温度はあっという間に上昇してしまいます（日本自動車連盟のホームページによれば、4月、外気温が23℃でも車内は最高48℃、ダッシュボードの上は70℃にもなります）。

　公共交通機関の場合は、小動物を乗せられるか事前に確認しておきましょう。JR東日本では、280円の手回り品きっぷで乗せることができます（容器のサイズは長さ70cm以内で、長さ＋幅＋高さの合計が90cm程度まで）。

Topics

デグーと旅行はできる？

　デグーを連れての旅行は、実家への帰省など、ある程度こちらの思う環境が作れるような場合を除いてはおすすめできません。ペット連れ旅行がはやっていますが、デグーの受け入れ体制が整っている宿はありませんし、デグーにはストレスになるだけです。

　帰省先には、滞在中の住まいとしてある程度の大きさのケージを送っておいたり、万が一のために近所の動物病院を調べておくとよいでしょう。

デグーの多頭飼育

Chapter 6 デグーとの暮らし

デグーと多頭飼育

野生のデグーは、1匹のオスと1〜3匹のメスからなる小さな群れを作って暮らしています。社会性が高く、コミュニケーションも発達しているので、1匹で暮らすことがストレスにもなります。特にオスはその傾向が強いようです。可能なら多頭飼育をおすすめします。

ただし、野生下と違って飼育下では、相性がよくないからといって群れを離れることはできません。人が選んで連れてくるデグー同士が仲良くできるとは限りません。多頭飼育は理想ですが、その一方でよく考えて決める必要があります。

単独飼育をするなら、飼い主が仲間になってあげてください。できるだけ時間を作って、遊んであげましょう。

同居可能な組み合わせ

離乳前から一緒に育っているきょうだいのオス同士、メス同士が理想的です。また血縁がなくても離乳前なら問題なく同居を始めやすいでしょう。

大人になってからは、オスとメスのペアだと同居させやすいですが、交尾をして子どもが生まれる可能性が高く、メスの負担を考えるとのちのち別居させることもあるので、慎重に考えてください。

オス同士の同居は、順位づけやなわばり争いで闘争になることが多いので、避けたほうがよい組み合わせです。

多頭飼育で同居をするなら、メス同士が最も適した組み合わせといわれます。ただし「必ず仲良くなれる」わけではありませんから注意してください（注：ここでの「多頭飼育」とは、同じケージで複数を飼育することをいいます）。

同居の組み合わせによって…

♂♂ ケンカのおそれあり

♂♀ どんどん増える

♀♀ 仲良くできることが多い

同居の手順

　一般的な同居の手順は、お互いの存在をしっかり認識させてから、中立の場所で一緒にしてみる、というものです。様子を見守る必要があるので、飼い主に時間の余裕があるときに行うとよいでしょう。

（手順）

❶同居させたいそれぞれのデグーのケージを隣同士に置いて、お互いが相手の存在を認識し、その存在やにおいに慣れるようにしていきましょう（海外の飼育書では、ケージを上下に2分割し、上下で飼いながら慣らしていく方法が紹介されています）。

❷1週間くらいたったら、よりお互いの存在に慣れるよう、相手のにおいを身近に持っていきます。相手が使っていた砂、床材、寝床などを交換します。

❸「2」を何度か繰り返したのち、まったく新しいケージなど、どちらにとっても自分のなわばりではない中立の場所で直接、会わせてみます。会わせたときに尿をかけたりマウンティングが見られることもあります。

❹取っ組み合いなどの激しいケンカにならないなら、一緒にいる時間を徐々に長くしていきます。焦らず、何度もやっていきましょう。

❺毛づくろいし合ったりして仲良くできそうなら、同居させます。寝床は複数、用意します。食事や飲み水の量も当然、増やします。

❻同居を始めてからも様子をよく観察するようにしてください。ケンカをしていなくても、どちらかが元気がない、食欲がない、といったことに気をつけましょう。

　多頭飼育していると、どれが誰の排泄物なのか、個々の食欲はどうなのかなどがわかりにくいので、日頃の様子を観察することがとても大切になります。

同居の前に
お互いの存在を知らせよう

まずは
ケージ越しに
お近づき

においの
ついたものを
交換

多頭飼育の注意点

　ケンカにも深刻ではないものがあります。デグーは群れのなかでの序列をはっきりさせようとする動物なので、同居させようとしているときや同居中に、マウンティング、尿をかけるといった順位づけの行動や、追いかける、お互いが後ろ足で立ち上がって前足をあげて叩き合うようなケンカ（「ボクシング」と呼ばれたりします）、キックなどの小競り合いはよく見られることです。

　これらだけなら深刻ではないですし、順位づけができたあとは落ち着きます。小競り合いをする一方で、一緒に仲良く寝ていることもあったりします。小競り合いは食べ物やおもちゃの奪い合いが原因のこともありますし、遊びの延長線上にある「ケンカごっこ」の場合もあります。

　深刻なケンカが見られるようなら危険です。小競り合いがどんどん激しくなっていく、取っ組み合って転がりまわるようなケンカをする、相手に噛みつくといったことが見られたら、別々にしてください。しばらくして改めて同居の手順を踏みうまくいくこともありますが、無理をせず別々に飼うのも1つの方法です。

　野生下での繁殖シーズンは冬から春にかけてです。繁殖シーズン、特に最初に迎えるその時期にはケンカが増えるともいわれます。

　メスのほうが同居させやすいですが、ケンカをすることはあるので、「メス同士なら大丈夫」と安易に考えずに、同居後によく観察するようにしてください。

　デグー同士が仲良く毛づくろいし合っている様子はほほえましい光景です。相手に毛づくろいをされるのを拒否するようですと、相性はよくないでしょう。

メス同士

双子のオス同士です

Topics
多頭飼育のよしあし

よいところ
- 本来の生態に合っている
- デグー同士のコミュニケーションがとれる
- 飼い主が遊んであげなくても退屈しない

気をつけたいところ
- 単独飼育よりも人に慣れにくいといわれる
- 望まぬ繁殖のリスクがある
- ケンカのリスクがある
- 個々の健康チェックが難しくなる

デグー写真館 _Part 3_

デグーの日常生活は見ているだけでほっこりしますね❤

さて、砂浴び
始めましょうか！

大事な歯の
お手入れ中なの…。
真剣！

おじぎをしているみたいですネ

仲良しのモルモットと
ツーショット！
※よほど仲良しでない限り、
ほかの動物と一緒にしては
いけません

お気に入りの空中トンネルでオヤツタイム

手の上で眠たげな表情…
安心しきっています

Chapter 6　デグーとの暮らし　　　PERFECT PET OWNER'S GUIDES

PERFECT PET OWNER'S GUIDES

Chapter 7

デグーと
遊ぶ

デグーと遊ぶ前に

Chapter 7 デグーと遊ぶ

デグーと人とのコミュニケーション

　デグーがペットとして人々に愛される大きな理由の1つは、コミュニケーション能力の高さです。

　小さな群れで暮らすデグーは、社会性が高く、ボディランゲージや鳴き声などによる仲間同士のコミュニケーションが発達しています。また、好奇心が旺盛で、知能が高いともいわれます。学習能力もあります。

　こうした特徴から、人が適切な接し方をすれば、デグーはとてもよく慣れてくれるのです。そして、本来は仲間同士で行う相互グルーミングを、人にやってもらいたがったり、やってくれるようになったりしますし、人に対しても鳴き声でコミュニケーションをとろうとするようになります。

日々、取り入れたいコミュニケーション

　仲良くなるためには、相手のことをよく理解することが必要です。デグーがどんな五感をもっているのかを知り、周囲がどう見え、感じているのかを知りましょう。デグーのいろいろなボディランゲージや鳴き声の意味を知れば、なにを伝えたいのかが少しはわかってくるかもしれません。

　デグーとの毎日で、適切な飼育方法のほかにも必要なものがあります。1つは、広い行動範囲をもつ動物なので、十分な運動をさせることです。そしてもう1つは、その賢さや知的好奇心を発揮させることです。

　退屈していると、むやみにものをかじったり、過度なグルーミングや自咬症などになることもあります。時間を作って、十分なコミュニケーションをとってあげてください。毎日のふれあ

デグーに退屈はNG！

つまんないな〜...

いはもちろんですが、112ページ以降で紹介している、犬にも負けないようなトレーニングを取り入れた遊びをすることもできます。

コミュニケーションの注意点

すべてのデグーが同じように慣れたり、能力を発揮できるわけではありません。デグーにも個体差や個性があります。

もともとは天敵の多い、捕食される動物なので、警戒心が強く、怖がりであるのもしかたのないことです。飼い主は時間をかけて、少しずつデグーとの距離を縮めましょう。

慣れてくると人の近くに来たがります。部屋で遊ばせているときなどは、足元に十分注意してください。

デグーも疲れたり飽きたりします。様子を見ながら無理のないようにコミュニケーションをとりましょう。

デグーが噛むとき

噛むことには、いろいろなメッセージが含まれています。デグーがどうして噛むのかを考えてみましょう。

【怖い、不安】

本当なら逃げたいのに逃げられないときに追いつめられて噛みつきます。デグーは、攻撃的に噛んでくることはほとんどありません。人がびくびくしながら近寄ってくる様子もデグーにとっては不安なものです。

【びっくりした】

デグーがこちらに気づいていないときに急に触ったりすると、驚いて反射的に噛んでくることがあります。白内障で視力を失った個体と接するときなどは、声をかけたり床を叩いて

仲良くなるにはデグーのことをよく知りましょう

振動で知らせたりして、驚かさないようにしましょう。

【不快なとき】

体調の悪いときや、「今はかまわないでほしい」と思うときにかまわれると、不快感を示すために噛んだりします。

【コミュニケーションの1つ】

いわゆる「甘噛み」は毛づくろいのお返しのようなもので、デグーにとってはコミュニケーションの1つです。

噛まれないようにするには、デグーが嫌だと思うことはしないことです。遊んでいるときに噛んできたら、「痛い!」「だめ!」などの短い言葉を発して、コミュニケーションを中断しましょう。絶対に叩いたりしないでください。

デグーの感覚を理解しよう

聴覚
聴覚も優れています。
人と同じような可聴域を
もっているようです

視覚
優れた視覚をもちます。
紫外線の反射光を見ることもでき、
さまざまな情報交換に
活用しています

触覚
ほおひげや目の上の触毛で、
ものの大きさや穴の広さなどを
感知することができます

嗅覚
においによるさまざまな情報収集を行います。
嗅覚は、他の動物に比べてとびぬけて
優れているほどではないようです

視覚

　昼行性で、視力は優れています。色覚についてははっきりわかっていませんが、二色型色覚とも（赤色が感知できない）いわれます。特徴的なのは、紫外線の反射光を見ることができるというものです。新鮮な尿は古い尿よりも紫外線を強く反射し、それを区別することができます。

　また、デグーが危険を知らせようとして立ち上がったときに見える胸元の明るい被毛は、紫外線を強く反射するため、鳴き声をあげなくてもほかのデグーに情報を伝達することができます。

聴覚

　デグーは聴覚もとても優れています。げっ歯目の動物には、超音波の音を聞き取るものが多いですが、デグーの可聴域は人に似ているようです。

嗅覚

　嗅覚も優れています。尿によるにおいつけや砂浴びを利用した仲間同士のにおいつけ、仲間かどうかの認識にも活用されています。隠した食べ物を探すのにも利用します。

　しかし、人に比べれば優れてはいるものの、嗅球（脳にあるにおいをつかさどる器官）は大きくはなく、ほかの動物に比べてとびぬけているというほどではないようです。

触覚

　触覚をつかさどっているのは、ひげです。デグーのほおに生えている長いひげは、ものの大きさを判断するとき、狭い場所を通る際に幅を判断するときなどに使われます。

　触毛は目の上にも生えていて、狭い場所の高さを知ることができます。

後ろから急につかまれたりすると、驚いちゃうんだよ

デグーの
ボディランゲージ

　動物のコミュニケーション方法は主に視覚によるもの、聴覚によるもの、嗅覚によるものがあります。聴覚によるものには、108ページ以降で取り上げている「鳴き声」があります。嗅覚によるものには、尿によるにおいつけがあります。そして視覚によるものには、体のさまざまな動きや表情で相手に気持ちを伝える、ボディランゲージがあります。

　小さな群れで暮らすデグーは、こうした仲間同士のコミュニケーション方法が発達しています。それらのなかには、私たち人にも見てわかるものが多いので、デグーの気持ちを少しでも知るためにも、ボディランゲージの意味を理解しましょう。

ボディランゲージとその意味

相互グルーミング

　相性のよいデグー同士はとても仲良しで、グルーミングをし合う姿はよく見られます。鼻と鼻を合わせる挨拶行動をしたり、相互にグルーミングを行います。

小競り合い

　仲がよくても小競り合い程度のケンカが見られることがあります。後ろ足で立ち上がり、前足でお互いを押し合うようなものや、相手を蹴るなどがあります。

飛び跳ねる

　ぴょんぴょんとその場で飛び跳ねる行動が若いデグーに見られます。遊びの行動ですが、天敵に見つかったときに逃げる練習ともいわれます。

ぴょんぴょん飛び跳ねる遊びの行動は、逃げる練習ともいわれます

相手にお尻を向ける行動には、防御の姿勢や服従の意味があります

マウンティング

　相手の背中に乗りかかる「マウンティング」は交尾以外にも、性別や年齢にかかわらず見られます。優位なものが劣位なものの上に乗りかかります。

お尻を向ける

　相手に対して後ろ向きになってお尻を向けるのは（しっぽを上げることもある）、防御の姿勢や、相手への服従を示しているといわれます。メスがオスに対して行う場合は、交尾を許すという意味です。

デグーのしっぽは、興奮などさまざまな感情を表すのに使われます

〖歯をこすり合わせる〗

強く歯をこすり合わせるのは威嚇や、痛みがあるとき。ゆっくりこすり合わせているのは、くつろいだ気分のときです。

〖じっとして耳を倒している〗

じっと固まって、耳を倒しているのは、とても怖がっているときです。デグーが驚いているときに心配になって手を出すと噛みつかれることがあるので、落ち着くのを待ったほうがよいでしょう。

〖さまざまな鳴き声〗

デグーの気持ちを示す最も特徴的なものは、20種類ともいわれるさまざまな鳴き声です。求愛、気分のよいとき、子どもが母親を呼ぶときや、警戒、威嚇などの意味があります（108～111ページ参照）。

〖しっぽを振る〗

デグーは興奮して、しっぽを高く上げる、しっぽを振る、しっぽで床を叩くといった行動を見せます。オスではメスへの求愛をするときにしっぽを振ります。

相手への服従を示すときにしっぽを上げることもあり、しっぽの動きにはさまざまな意味があるようです。しっぽを振りながら足で地面を叩いているのは、仲間に警戒すべきだと知らせるときです。

〖毛を逆立てる〗

恐怖を感じたときや、敵に対して体を大きく見せて威嚇しようとするときに毛を逆立てるといわれます。

〖歯をカチカチ鳴らす〗

歯をむき出しながらカチカチと鳴らすのは、威嚇の行動です。

ご機嫌なとき、怒っているときなどデグーは、鳴き声で気持ちを示します（鳴き声の種類と意味は次のページから説明します）

デグーは、相手を威嚇するときに歯をカチカチと鳴らします

デグーの音声コミュニケーション

Chapter 7 デグーと遊ぶ

デグーの鳴き声のしくみをさぐる

「アンデスの歌うネズミ」と呼ばれるデグー。仲間やペアの相手、親子の間などでさまざまな鳴き声を使ってコミュニケーションをとっています。デグーの音声コミュニケーションについて、デグーの研究に携わってきた時本楠緒子先生のお話をもとにまとめました。

参考資料
日経サイエンス2002年8月号「動物のおしゃべり解読学10　アンデスの歌うネズミ, デグー」（著:時本楠緒子）

時本楠緒子先生
千葉大学自然科学研究科博士課程修了。博士（理学）。千葉大学および理化学研究所でデグーの研究を行う。専門は比較心理学、認知科学。2011年より尚美学園大学講師。

デグーのオスとメスは求愛の歌を交わし合います

おだやかなときと警戒しているときのソナグラム

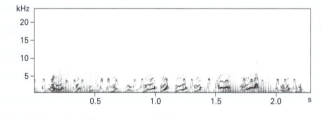

おだやかな鳴き声（Comfort）

求愛を受け入れているメスの鳴き声とほぼ同じです

ソナグラム（声紋）とは録音した音声を図形化したもの。横軸に時間、縦軸に周波数を表す。音の強さは濃淡で表される

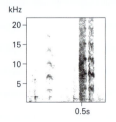

警戒音（Alarm call）

警戒音は、短い音で強く発せられます

デグーの鳴き声

　デグーの鳴き声には15～20ほどの種類があると考えられています。研究者によって数え方が違うため、その数には幅があります。

　研究中に聞かれた鳴き声は人の可聴域にあるものがほとんどでした。

　鳴き声は大きく2つに分けることができます。求愛や毛づくろい、授乳時など、おだやかな気分のときにはクークーという低い鳴き声を発します（なかには激しい求愛の歌を歌う個体もいます）。また、感情が高ぶっているとき、警戒音や争いのときには、キーキーという高い鳴き声を発します。

　鳴き声のほとんどは本能的なものですが、求愛の鳴き声のように個体差のあるものは、後天的に学習している可能性が考えられています。

デグーのラブソング

　求愛の鳴き声は、デグーの鳴き声のなかでも興味深いものです。ほかの鳴き声と比べて長く複雑なその発声は、ラブソングと称されています。

　ラブソングは、オスとメスとが身を寄せ合い、においをかぎ合っているときに歌われます。そのオスのことを気に入れば、メスはオスの歌の合間に柔らかな鳴き声を返し、気に入らなければ拒絶の鳴き声を上げます。

ラブソングのソナグラム

オスの求愛(Courtship)とそれを受け入れているメスの声

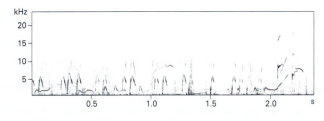

求愛行動に毛づくろいが含まれているため、メスの発声はComfortとほぼ同じです

オスの求愛(Courtship)とそれを拒絶するメスの声

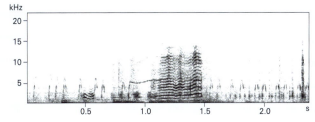

オスの歌にかぶせるようにして、メスが拒絶の声をあげています

鳴き声の意味

多彩なデグーの鳴き声。いったいどんな意味があるのか興味深いものです。しかし鳴き声の名称や表記は統一されていないですし、どう聞こえるかは人によって異なるので文字で示すのはなかなかやっかいです。

また、デグーは、本来とは異なる状況で鳴き声を使うこともできるようですから（たとえば、警戒の鳴き声を出したときにおやつがもらえたりすると、おやつをねだるのに警戒の鳴き声を出すなど）、「この鳴き声にはこういう意味がある」と定義するのは難しいものがあります。

ここでは、参考までに海外の論文に掲載されていたものを元に編集部でデグーの鳴き声とその意味をリストアップしてみました。家庭でも、デグーがどんな状況のときにどんな鳴き声を出すのか、観察してみてはいかがでしょうか。

表　デグーの鳴き声と意味

海外の資料での表記	表記の意味	どう聞こえるか一例
Whine	哀れっぽく鳴く、犬がクンクン鳴く	キューキュー、クークー
Groan	うなり声、うめき声	キュー
Chaff	からかい	チッチッ、キッキッ
Warble	さえずり	チッチッ、キッキッ
Chirp	チューチュー鳴く、甲高い声で話す	チチチ、クククク
Chitter	さえずる	ピピピ、チチチ
Wheep	甲高い声で鳴く	チッチッ
Squeal	キーキー鳴く	チーチー
Pip	不機嫌	チッチッ
Grunt	ブーブー鳴く、不平を言う	ジッジッ
Bark	ほえる	キッキッ
Tweet	さえずり	チッチッチッ
Trill	声を震わせて鳴く	ククク
Loud Whistle	大きな口笛	チーチー
Low Whistle	低い口笛	クックッ

デグーは豊かな音声レパートリーをもつ動物です

VOCALISATIONS OF THE DEGU *OCTODON DEGUS*, A SOCIAL CAVIOMORPH RODENT より

どういう行動のときに聞かれるか	鳴き声の意味など
敵対行動	軽い威嚇や警告
敵対行動	強い威嚇や警告。耳を倒していることがある。若い個体が大人に向かって鳴く
敵対行動	離れたところにいるデグーに向けて鳴く
親和行動	喜びや興奮を示す。遊びのきっかけになることがある
敵対行動、親和行動	相手の敵対行動をやめさせようとする　※「Chirp」は満足を示すとする資料もあります
親和行動	鼻と鼻を合わせたりグルーミングのときの挨拶や絆作り
警戒	警戒の鳴き声で、これを聞くとほかのデグーが逃げたりその場でじっとする
苦痛	噛まれたときの鳴き声
親和行動	グルーミングが不快だったり痛いとき
敵対行動	ほかのデグーへの強い威嚇
警戒	交尾のあとでオスが鳴くことが多い（他のオスへのなわばり宣言）
敵対行動	マウンティングされたり支配的な相手を追い払う
親和行動	育児中のメスの鳴き声。意味はわかっていないが子どもへの神経学的な影響か
苦痛	生後2週までに聞かれる。親やきょうだいと離れたときに
親和行動か	生後2週までに聞かれる。子どもに巣の位置を教えているのかもしれない

デグーの能力

道具を使うデグー

　道具を使う動物といえば、人のほかにはチンパンジーやカラスなどが知られています。自分の体ではないものを使ってなにかを行うには、高度な能力が必要とされています。そして、デグーも道具を使えることが知られています。

　実際にデグーと暮らしていると賢いなと感じることも多いかと思いますが、デグーの賢さ（道具を使うこと）は実証されているのです。

熊手を使って餌を引き寄せる

　108ページでご紹介をしたデグーの音声コミュニケーションの研究過程で、デグーが自発的に「入れ子」操作をすることがわかりました。入れ子操作とは、ロシアのマトリョーシカ人形のように、大きさの違う複数の容器を重ねることをいいます。これができるのは霊長類以上の知能が必要だとされています。

　ところがデグーは、教えていないのに、砂浴び容器に食器を重ね、その中におもちゃのボールを入れ、大→中→小となるように重ねることができたのです。

　このことから、もしかしたら道具を使うこともできるのではないかと考えられ、熊手を使った訓練を行い、その結果が2008年に発表されました（※）。

　手を伸ばしても届かない場所に餌を起き、T字型の熊手で引き寄せて餌を取る、というのがその訓練です。

　最初は熊手の手前に餌を置いて、熊手をまっすぐ引けば餌が取れる、というものから始めて、熊手を横に動かさないと餌が取れないようになっていたり、熊手の向こう側に餌があったりする状況にしても、デグーは熊手を使って餌を取れるようになりました。

　また、機能的な熊手とそうでないものがあるときには、多くの場合、機能的なほうを選んでいて、道具の目的を認識していることがわかったといいます。

　このように、デグーはげっ歯目では考えられなかったような能力をもっています。無理をしてはいけませんが、デグーとのコミュニケーションや遊びのなかに、「ものを教える」ということを取り入れるのも、デグーにとっては楽しい刺激になるかもしれません。

デグーは熊手を使うことができた!!

（※）Tool-Use Training in a Species of Rodent: The Emergence of an Optimal Motor Strategy and Functional Understanding より

「名前を呼んだら来て」
という行動を覚えさせるには、
ごほうび(おやつ)が効果的です

トレーニングの基本

「陽性強化」を取り入れよう

　動物がものを学習するしくみに、「オペラント条件付け」があります。「ある状況である行動をしたときにごほうびがもらえると、同じ状況のときに同じ行動をする可能性が高くなる」というものです。具体的には、「デグーが部屋で遊んでいるときに飼い主の膝の上に乗ったらおやつがもらえた」ということがあると、部屋で遊んでいるときに膝に乗ってくるようになる、ということです。

　このように「その行動をすると動物にとって嬉しいことが起こるので、その行動をするようになる」と条件付けをすることは「陽性強化」といい、動物の訓練やしつけでの基本的な考え方です。

　もらえるごほうびの代表的なものが「おやつ」です。条件付けをより確実にするには、やってほしい行動をしたらすぐにごほうびを与えるようにします。身につくまでは繰り返し行うことが必要で、「名前を呼んだら来てほしい」と思うなら、名前を呼んで来たときには必ずごほうびを与えます。すっかり身についたらときどきは与えないようにすると、ごほうびの魅力がより強くなります。

※おやつの与え方については77ページも参照してください。

困った行動を条件づけない

　やってほしくない行動をやめさせたいときにおやつで気を逸らすのは逆効果になることもあるので気をつけましょう。たとえば、「ケージをかじるのをやめてほしい」と思いケージかじりを始めたらおやつを与えるとします。これは「ケージをかじるとおやつがもらえる」と条件付けてしまうことになる可能性がありますから注意が必要です。

デグーとアジリティ

クリッカートレーニング

113ページで紹介した「陽性強化」で用いるごほうびはおやつに限りません。よく慣れているデグーにとっては、飼い主がグルーミングをしながらほめてあげるのも報酬になります。

犬やイルカの訓練でも使われているクリッカー。ボタンを指で押すと"カチッ"と音がします

ほめたい行動をしたときすぐにクリッカーを鳴らすとタイミングよくほめることができる

ごほうび（おやつ）を与えると同時にクリッカーを慣らす

また、「クリッカー」（上写真）を使う方法もあります。クリッカーは指で押すとカチッと音のする小さな道具で、犬のしつけやイルカの訓練でも用いられています。この音を「ほめること・うれしいこと」として使うのです。

クリッカーなら、ほめたい行動をしたときにすぐに鳴らすことができます。また、クリッカーの使用は、デグーへのおやつのあげすぎを避ける利点もあるでしょう。

カチッ=うれしいこと、と教えよう

クリッカーの音そのものにはなんの意味もないので、まず、カチッという音に意味をもたせることが必要になります。クリッカーを1回鳴らした直後におやつを与える、ということを繰り返し行うことによって、クリッカーの音を「ほめてもらえた」「うれしいこと」として覚えていくわけです。

なお、クリッカーの音は大きいので、デグーのすぐ近くで鳴らさないでください。また、クリッカートレーニングは、デグーが飼い主に慣れてから行いましょう。

アジリティに挑戦しよう

クリッカートレーニングは、「呼んだら来てくれた」などの日常の行動をほめるために使うことができますが、クリッカーを利用して「アジリティ」のトレーニングをすることもできます。

アジリティとは、ドッグスポーツとして知られているもので、さまざまな障害物を人（ハンドラー）の指示で犬がクリアしていく競技です。

アジリティができるのは犬に限りません。特に海外では、ウサギやフェレット、ラットなどのげっ歯目の動物たちの飼い主もアジリティを楽しんでいます。アジリティは、飼い主と動物との絆を強くするのにも役立っています。

本格的なアジリティではシーソー、トンネル、橋、ハードルなどの障害物をコースに並べて次々にクリアしていきます。海外では小動物のための障害物が作られていたりしますが、そういったものがなくても、身近なもので作ってみても楽しいでしょう。

教え方は、橋に乗るよう誘導してクリッカー

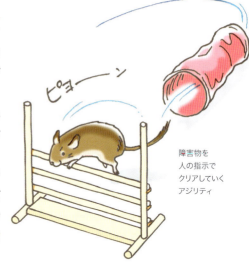

障害物を人の指示でクリアしていくアジリティ

でほめる、次に渡れたらほめる、といったように段階を踏んでほめながら教えていくのが一般的です。

トレーニングは、デグーが疲れたり飽きる前に終わらせ、続きはまた次の日にやりましょう。

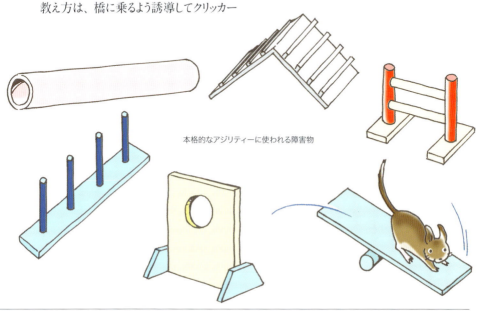

本格的なアジリティーに使われる障害物

デグーの能力、ご披露します

デグーが能力を発揮させる様子を見ることができると聞き、埼玉県こども動物自然公園で開催されている「アニマルステージ」を取材してきました。動物たちが登場するステージを行う動物園は多いですが、ここは日本で唯一のデグーのステージです。

日頃の成果を発表するよ

この日は、デグーのイクラちゃんが見事にハードルを越えて、紐を引いて旗を揚げる姿を見せてくれました。道具を使うといわれるデグーの能力を披露しようと訓練したのが始まりで、イクラちゃんはアニマルステージ2代目のデグーです。

トレーニングを担当した飼育係の金子麗さんにお話を伺いました。

イクラちゃんがトレーニングを始めたのは、ステージの2カ月前からということ。使っているクリッカーは一般的なものとちょっと違っていて、ターゲットとなる棒が取り付けてあります。この棒の先端を目指して動く、という動作ができればクリッカーを鳴らす、というのが基本的なトレーニング方法です。最初はクリッカーの音の意味や、ターゲットに触るとよいことがある、ということを教えてから、実際のトレーニングを行っていきます。

デグーが歩く橋の上に連続して置いてあるハードルは、野生下での環境である岩場をヒントに、紐を引いて旗を揚げる動きは、デグーの器用さをヒントにして考えられたものだといいます。

クリッカートレーニングは飼い主の皆さんも取り入れることができると思います、と金子さん。デグーにとってはコミュニケーションの1つにもなりますし、トレーニングをしていくと、怖がりかどうかなど、性格も見えてくるとか。

デグーとの暮らしにトレーニングを取り入れていくコツをお聞きすると、クリッカーの正しい使い方やデグーという動物のことをよく理解すること、とのこと。そのうえで、その個体にできることを伸ばしていくなら、よいコミュニケーションツールになるのではないでしょうかと教えてくれました。（取材日:2014年10月29日）

※情報はすべて取材時当時のものです。アニマルステージなどの詳細については、最新情報を事前にお問い合わせください。（☎0493-35-1234）
※イクラちゃんは2014年12月に体調を崩して亡くなりました。

トレーニングでより親密に！
芸達者なあずきちゃん

クリッカーを使わずに、
楽しい芸を繰り広げるというあずきちゃん！
飼い主のmegさんに練習方法を教えてもらいました!!

あずきちゃんの芸達者ぶりを
披露してくれるYouTubeは
大人気なんです

　わが家の「あずき」は、いくつかの芸をすることができます。個体差がありますので、同じ方法で上手くいくとは限りませんが、比較的覚えやすいと思われる「お回り」について、わが家流の練習方法を紹介したいと思います。
❶デグーが安全に動き回れるスペースと、おやつを用意します。
❷おやつは、乾燥タンポポや桑の葉などを使っています。一度に与える量は親指の爪ほどの大きさでかまいません。
❸指先でおやつを持ち、デグーが立ち上がってもギリギリ届かない高さにします。
❹デグーが寄ってきたら、ゆっくりとおやつを持った手で円を描きます。デグーがおやつを追いかけて1周することができたらおやつを与えます。

芸の練習は
2人の絆を
強めたそうです

　最初は直径30cmくらいに大きくゆっくり円を描くと、デグーも追いかけやすいです。練習を重ねるごとに描く円を小さくします。デグーが小さく回れるようになったら、指先だけで素早く小さな円を描き、同時に声でも指示するようにします。最初は足取りがおぼつかないかもしれませんが、繰り返すうちに素早くきれいに回れるようになると思います。
　おやつの与え過ぎには注意しましょう。また練習時間が長いとデグーが飽きたり、負担になるかもしれません。上手くできてもできなくても、練習は1日3分以内にするのがよいと思います。
　無理強いすることなくスキンシップの一環として、気長に取り組んでほしいと思います。私自身は、あずきと芸の練習を通して意思疎通がしやすくなり、言葉が通じているように思える場面が増えたと感じています。
　デグーとの毎日がより一層楽しく幸せな時間となりますように……。♥meg

いろいろなものに
興味をもつ
あずきちゃん

PERFECT
PET
OWNER'S
GUIDES

Chapter 8

デグーの
繁殖

繁殖の前に

Chapter 8
デグーの**繁殖**

お〜

いっぱい食べて
大きくなろ〜ね！

命を迎える責任

　ペットを飼っているとき、「この子の赤ちゃんが見たい」と思うのは自然な感情でしょう。愛するペットの子孫を作ってあげたい、ベビーのかわいい様子が見てみたいなど、いろいろな思いがあることと思います。実際、デグーが懸命に子育てをする様子や、日々、成長していく子どもたちの様子を見ることは感動的な経験となるでしょう。繁殖は、命を身近に感じる機会になります。

　自然界で動物たちが子孫を残そうとするのは、彼らの遺伝子に組み込まれた行動です。しかし、飼育下では人が関わることで繁殖活動が行われ、赤ちゃんが誕生します。オスとメスを分けて飼育していれば、赤ちゃんが生まれることはありません。人為的にペアリングすることで赤ちゃんが誕生します。飼育下での繁殖の責任は飼い主にあるのです。

　7〜10年といわれる寿命をもつ生き物の命を生み出すことに責任をもちましょう。彼らを生涯、適切な環境で幸せに生活させることができるでしょうか。

　また、デグーは日本に生息しない外来生物です。うっかり逃げたり、故意に捨てるなどをして、デグーが野外に住み着いたりすれば、駆除されたり、飼育に規制がかかるようになるかもしれません。「外来生物を増やす」責任も考えましょう。

具体的なポイント

ケージの数が増える

　野生下では繁殖シーズンは年に一度ですが、飼育下では環境条件によってずっと繁殖が可能です。ペアで飼育していると連続出産し、まさに「ねずみ算」でどんどん増えて

飼育下では、コントロールしないと次から次に増えてしまう

いくこともあります。

　1回だけと考えるとしても、10匹近い赤ちゃんを生む可能性もあります。連続出産を避けるためにペアを別々に分け、子どもたちをオスとメスに分け、相性が悪ければまた別々にし……と、たった1回の繁殖でも、ケージの数がいくつも増える可能性があります。

負担が増える

　飼育頭数が増えれば、当然、世話をする手間は増大します。多くのデグーはトイレを覚えないことを思い出してください。飼育費用もかかります。デグーは木製の飼育グッズを次々にかじってしまうので買い足すことが多く、牧草をたくさん食べます。用品代や食事代が、増えた頭数分かかるようになります。

　病気になれば看護の負担、治療費などの経済的な負担が大きなものになる可能性も考えてください。

里親探しの責任

　家で飼うことができず、里子に出すときには、きちんと責任をもって飼育してくれる里親を探す努力をしなくてはなりません。迎える命への責任をもち続けられるでしょうか。

繁殖トラブルの可能性

　繁殖は必ずしも常にうまくいくとは限りません。遺伝性疾患は、両親に問題がなくても出ることがあります。個体差や環境によって、難産や流産、育児放棄が起こる可能性もあります。たとえよい環境を用意していてもちょっとしたことで子育てをやめてしまうこともあります。また、毛色のかけ合わせによる問題もまだよくわかっていません。

　繁殖トラブルは、母体や生まれてきた子どもの命に関わり、大きなストレスをもたらすことにもなります。飼い主への負担も大きなものになるでしょう。人工哺育をすることになれば世話をする時間も長くかかります。不幸な結果は精神的なダメージも大きいことと思います。

　繁殖させたいと思ったら、こうした点もよく考えてみてください。

繁殖は、遺伝性疾患を発症する可能性もあります。慎重に考えましょう

デグーの繁殖生理

野生下での繁殖

野生のデグーは通常、年に一度、子どもを産みます。食べ物が豊富なときに子育てができるよう、冬になる頃に交尾をし、春のはじめに出産をします。植物の生育が盛んになりはじめる時期で、子どもたちが巣穴から外に出る頃にはたくさんの植物を食べることができるでしょう。

デグーの子育ては、同じ群れの仲間たちも協力して行います。繁殖シーズン以外にはほかの群れと混じって過ごすことはあっても、繁殖シーズンになるとオスは巣穴や自分の群れのメスを守ります。攻撃性が増し、マーキングも増えます。

オスは、メスの尿のにおいをかぐことで、発情の状態がわかるのではないかといわれています。

性成熟

性成熟とは、子どもを作る機能が体に備わることをいいます。オスは精子を作り、射精ができるように、メスは卵子を作り、排卵が起こるようになります。

メスは生後7週、オスは生後12週で性成熟するとされています。

繁殖適期

性成熟したら子どもを作ることは可能ですが、まだ生殖の機能が備わっただけで、体は大人として成長を終えていません。繁殖は、体がしっかりと成長してから行うべきものです。

デグーの成長が終わるのは生後1年といわれています。

また、野生下でのメスの初産時の体重は平均205gとするデータもあります。飼育下では、体重が220g以上になるまで待ったほうがよいとする資料や、生後4〜9カ月、体重250g以上のときに最も繁殖が成功するという資料もあります。

飼育下での繁殖シーズン

前述のように、野生のデグーは年に一度の繁殖シーズンに1回だけ、子どもを生みますが、飼育下では1年中、繁殖することが可能です。

発情周期

性成熟すると、オスは常に交尾可能な状態になりますが、メスは発情しているときだけしかオスを受け入れません。

デグーの発情周期は平均21日です。発情すると生殖器が膨らんで赤みを増し、膣口が開きます。その期間は資料によって1〜3日とも、3時間ともいわれます。

妊娠期間

デグーの妊娠期間は、平均90日間(86〜93日)あります。

マウスやラットの場合、妊娠期間は20日程度なので、デグーは小型のげっ歯目のなかでは、妊娠期間が長い方です。

デグーの赤ちゃん

一度に生む子どもの数は平均6匹です。実際には3匹ほどのこともあれば、10匹生むこともあります。体重は平均14.6g、体長は

5cmほどです。

早成性で(成長した状態で生まれてくる)、生まれたときには被毛が生え、歯も生えています。目も開いています。そして2〜3時間後にはもう歩くことができます。

分娩後発情

出産したあとすぐに発情することをいいます。このときに交尾し、連続で妊娠する可能性があります。

デグーには分娩後発情があることが知られています。

生殖器の特徴

オスとメスを見分けるには生殖器を確認します。肛門と生殖器との間隔を見て、狭いのがメスで広いのがオスです。

オスの特徴

ハムスターのように性成熟すると陰嚢が大きくなる動物もいますが、デグーは陰嚢が発達せず、精巣が腹内に収まっているため、ほとんど目立ちません。ペニスには小さな突起が全体に見られます。

メスの特徴

メスの生殖突起は大きく、オスのペニスと間違えることがあります。膣は薄い膜で閉じていて、発情しているときに開きます。

乳首は4対あります。3対は前足の付け根から後ろ足の付け根にかけて存在します。体の下というよりも側面にあり、周囲を警戒するために立ち上がったままでも授乳することができます。もう1対は鼠径部にあります。

オスの生殖器

メスの生殖器

繁殖の手順と気をつけること

Chapter 8 デグーの繁殖

1. 繁殖させる個体

　繁殖させたいと思っている個体が繁殖可能かどうかを最初に考えましょう。

●繁殖適期か

　若すぎる繁殖は避け、体がしっかり成長してからにしましょう。若い個体のほうが多く産むが弱い子が出るという情報もあります。

　オスは交尾できるかぎり繁殖ができますが、メスは5～6歳までともいわれます。

●健康か

　妊娠や子育てはメスの体への負担も大きいので、体が弱っているときの繁殖は避けましょう。繰り返し繁殖をさせるのはよくありません。年に1回以上の繁殖は避けてください。

　オスでもメスでも、遺伝する可能性のある病気をもつ個体の場合は、慎重に考えてください。

●近親交配でないか

　近親交配は、品種などの作出のために専門家が知識をもって行うことです。一般家庭での近親交配は避けましょう。体の弱い個体や奇形をもつ個体が生まれる可能性があります。

●神経質すぎないか

　怖がりだったり神経質すぎる個体は、ちょっとしたことがストレスとなって、育児放棄などをするおそれがあり、繁殖に向いていないかもしれません。

オスは求愛でメスに尿をかけることがある

2. お見合い

オスとメスを別々に飼っている場合

　オスとメスを別々に飼っていて、繁殖させるために一緒にするときは、通常の同居の手順と同じように、検疫期間を設けたあと（167ページ参照）、お互いのケージを近くに置いて相手の存在に慣らしていくところから始めます。（98ページ参照）。

　ケンカにならないかどうか様子を見ながら同居をさせてみましょう。

　相性がよく、ちょうどメスが発情しているタイミングであれば、同居の準備過程で一緒に遊ばせているときに交尾が成立することもあるかもしれません。

　ひどいケンカになるようなら、一度離し、しばらくたってからまた同居の手順を踏んでみますが、どうしてもうまくいかないようなら無理をしないでください。

同居している場合

最初からペアで飼っているなら、メスが発情しているときに交尾が成立するでしょう。

まだ体ができあがっていない個体同士で、早すぎる妊娠を避けたいときは隣同士などで飼うようにし、適切な時期になったら会わせるのがよいでしょう。

3. 求愛から交尾まで

オスの求愛

メスと一緒になったオスはメスに対して、においをかいだり、しっぽを振ったりします。また、メスに尿をかける行動も見られます。これらはオスの求愛行動です。

デグーが「アンデスの歌うネズミ」と呼ばれるゆえんになっているのが、オスがメスに対して行う求愛の鳴き声、ラブソングです。メスの体のにおいをかぎながら、ピルピルピル……と優しい声で鳴きます。単調な鳴き声ではなく、長くて複雑なものです。メスがところどころに優しく鳴き返すのは、オスの気持ちに応えるとき、甲高い鳴き声をあげるのは拒絶する意味があります（109ページ参照）。

交尾

メスの膣口が開き、オスを受け入れる体制になったら、交尾が行われます。メスがお尻をあげるロードシス反応も見られます。

交尾は短い時間で終わります。交尾が終わると、オスはチッ、チッと何度も繰り返し鳴きます。ほかのオスに対するアピール、なわばり

の主張と考えられています。

交尾のあとメスの膣口が閉じ、膣内では、精液とメスの分泌物とが混ざり合って固まった「膣栓」と呼ばれる小さな栓が作られます。より受精を確実にするためとも、ほかのオスとの交尾を防ぐためとも、胎児を雑菌の侵入から守るためともいわれます。

Topics
ケージの見直し

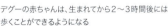

赤ちゃん誕生後に起こりがちなトラブルがケージからの「赤ちゃんの脱走」です。デグーの子どもは生まれてすぐに歩くことができるため、ケージの金網の幅が広いと簡単に抜け出してしまいます。体温調節機能が未熟なので体を冷やしてしまったり、ケージの位置が高ければ落下するなどの事故にもなります。

ウサギ用など大きなケージを使っている場合は、子育て用に目の細かなケージにするなどの工夫を、なるべく早い時期に考えましょう。

デグーの赤ちゃんは、生まれてから2〜3時間後には歩くことができるようになる

4. 妊娠・出産

妊娠中の注意点

　デグーは群れのメンバーと共同で子育てをするので、妊娠中に交尾相手のオスが一緒にいてもケンカになったりする心配は、ほかの小動物ほどにはありません（オスの同居・別居については127ページを参照してください）。

　妊娠中のデグーに必要なのは、安心して子育てができる準備と、十分な食事です。妊娠後期になってから飼育環境を変えると大きなストレスになるので、環境の見直しが必要ならなるべく早く行ってください。

　巣穴で子育てをする動物なので、巣箱や隠れ家など、安心して出産、授乳できる

妊娠中のメスには
高タンパクな食事が
必要です

場所が必要です。早めに用意しましょう。巣材として草を運び込んだりするので、簡単にアクセスできる場所に牧草などの巣材を用意してください。寒いときに対応できるよう、夏場でもペットヒーターをすぐ使えるようにしておくとよいでしょう。

たくさんの
赤ちゃんが
生まれたよ！

スキンシップはデグーの様子を見ながら。むやみにかまい過ぎず、ストレスを与えないように注意してください。野生では、仲間以外にはとても排他的になる時期です。

部屋で遊ばせる習慣があるなら、徐々に時間を減らしたほうがよいでしょう。出産が近くなったらケージ内で落ち着いて暮らせるようにしてください。

普段よりも高タンパクな食事が必要です。基本的な食事に加えてアルファルファ牧草も与えるとよいでしょう。

妊娠期間の終盤、出産の2〜3週間前くらいになるとお腹が大きいのが目立ってくるようになります。また、乳頭がふくらんでくることにも気づくでしょう。

出産

長い妊娠期間ののち、赤ちゃんが誕生します。巣箱からは小さな鳴き声が聞こえてくるでしょう。

赤ちゃんの様子が気になっても、巣の中をのぞいたりしないでください。普段、飼い主に慣れているデグーでも神経質になっていることがあるので、ストレスを与えないようにします。赤ちゃんにしっかりと母乳を与えていることを祈りつつ、静かにしていましょう。

子育てにおける父デグーの役割と産後同居の是非

哺乳類の多くは、子育てをするのは母親だけです。ところがデグーは、父親もともに子育てをすることが知られています。母親と同じように子どもの体を温めたり、体を舐めたりと世話をします。離乳前は子どもと母親が一緒にいる時間のほうが長いですが、離乳すると父親との接触が増えるという研究もあります。野生下では、子どもが生き残っていくためには、父親が子育てに介在することに大きな意味があるのでしょう。

しかし、飼育下でオスの同居を続けた場合、メスは出産後にすぐ発情するため、立て続けに妊娠する可能性があります。母体への負担が大きくなる連続出産は避けなくてはなりません。オスの同居についてはいくつかの考え方があります。

1. オスとメスの同居を続けたいときは、出産が近くなったらオスを分け、1週間ほどしたら戻します。戻せば父デグーは子育てを手伝い、その分、母デグーは休息できます。ただし、いずれ発情期が来ればまた妊娠する可能性があります。

2. もう子どもを産ませたくなかったり、しばらくは繁殖を休ませたいときは、オスとメスの再同居はとりやめ、妊娠を望むときだけ一緒にします。

このとき注意が必要なのは、オスをメスから引き離したところ、メスがオスのほうに行きたがって育児放棄したという事例もあるという点です。オスを分けたことでメスが精神的に不安定になっていないかを観察することも大切です。

出産間近になったら、父デグーとケージを別々にします

5. 子育てと成長過程

野生のデグーは仲間も協力して子育てをしますが、飼育下では母親1匹だけでもしっかりと子育てすることができます。出産後は、落ち着いて子育てできる環境を作り、母親の子育てをそっと見守りましょう。

デグーは早成性なので、生まれてきたときにはもう被毛も歯も生え、大人デグーのミニチュア版のようです。しかし、赤ちゃんの主食は母乳です。母乳には成長に欠かせない栄養がたくさん含まれています。特に初乳（最初の頃に出る母乳）には母親からの移行抗体が含まれています。移行抗体は、体に抵抗力がつくまでの間、赤ちゃんの身を守ってくれる大切な免疫です。

明らかに育児放棄してしまったときを除いては、子育ては母親にまかせておきましょう。鳴き声を交わし合いながら子どもは成長していきます。子どもの心身の成長に、母親によるケアは欠かせないものです。マウスやラットの研究では、赤ちゃんのときに母親から体を舐めてもらったりグルーミングをしてもらえないと、大人になっても不安傾向が強くなるといわれています。

多頭飼育のままで子育てをしている場合、父デグーや血縁のメスたちは協力的ですが、血縁のないメスだと子どもを攻撃することもあるので注意が必要です。

Topics
子どもの成長過程

1日目…出産時の体重は平均14.6g、体長は5cmほど。被毛は生え、歯もすでに生えている。目は開いている。2～3時間後にはもう歩くことができる。顔掃除ができる

生後3日…遅い個体だとこの頃に目が開く。耳の穴が開く

生後5日…走ったり飛び跳ねたりできるようになる

生後6日…固形物をかじって遊ぶようになる

☐ **1週目の平均体重**…20g
生後8日：よく遊ぶようになる。この頃から、体温をうまく維持できるようになる
生後14日：砂浴びをするようになる
☐ **2週目の平均体重**…28g
生後15日：この頃から固形物を消化できるようになる
☐ **3週目の平均体重**…43g
☐ **4週目の平均体重**…59g
早いと離乳開始する
☐ **5週目の平均体重**…77g
☐ **6週目（離乳時）の平均体重**…80g

生後3日目の赤ちゃん。
人の手の親指くらいのサイズ

"Degutopia-Pup Weight Tables", http://www.degutopia.co.uk/degupupweights.htm, Degus: A Complete Pet Owner's Manual"(Barrons Educational Series Inc)などより

子育てに適した環境

　出産したらしばらくの間はむやみにケージ内をいじったり、赤ちゃんを触ったりしないようにしましょう。静かに食事、飲み水の準備をするだけにし、ケージ内の掃除は控えてください。

　急に寒くなったりして温度対策が必要なときは、できるだけ子育て中の巣箱をいじらなくてもすむよう、エアコンや、ケージの外側につけるヒーターなどを利用するとよいでしょう。

　食事は妊娠中と同様に、アルファルファなど高タンパクなものを加えましょう。水分不足だと母乳が出なくなりますから、十分な飲み水を用意してください。子どもたち用の離乳食を用意する必要はありませんが、固形物を消化できるようになるという生後2週目を過ぎたら、柔らかい牧草を用意したり、母デグーに与えている食事を徐々に増やしていくとよいでしょう。

生後6、7週で、オスとメスは別々のケージに分けます

6. 離乳

　デグーの離乳時期は生後6週が目安です。生後3週間は母乳をしっかりと飲ませなくてはならないといわれるので、母デグーの疲労度が強いなどの問題があれば早めに離すことも考えられますが、通常は6週くらいまで待ちましょう。

　また、生後7週になるとメスが性成熟に達します。子どもたちの順調な成長を助け、近親交配を避けるためには、6週から7週の間に親から離し、オスとメスを分ける必要があります。

　子どもたちには牧草やペレット、飲み水といった基本的な食事を与えますが、生後3カ月くらいまではアルファルファ牧草など栄養価の高いものを与えてください。温度管理にも十分な注意が必要です。特に、急に1匹だけで飼うことになったときには体を冷やさないよう気を配りましょう。

　子どもたちのうちオスだけ、メスだけを1つのケージで飼うこともできますし、母親とメスの子ども、父親とオスの子どもという分け方も可能です。

　父デグーを母デグーと離して飼育していた場合は、いきなり父とオスの子どもを一緒にしたりせず、ときどき対面する機会を作っておくほうがよいでしょう。血縁があり、小さいときから一緒なら大人になっても仲良く暮らせることが多いですが、ケンカになる可能性はゼロではないので様子を観察することは必要です。

赤ちゃんデグー、生まれてから育つ様子をWatch!

メスのデグーが90日間ほどもある長い妊娠期間を経て、元気な赤ちゃんデグーを4匹生みました!
母子ともに健康です。飼い主さんが撮った赤ちゃんデグーの成長の様子をご紹介しましょう。

1 生まれたばかりの赤ちゃんデグーとママ、ほかに同居しているメスがいます

2 生後2日目。別居していたパパとご対面。ママのお腹の下にいる赤ちゃんたちに興味津々

5 生後11日目。だんだん高いところによじのぼるようになってきました

3 生後5日目。活発に動くようになりました。4匹が1度に手のひらに乗る大きさ!

4 生後10日目。ママデグーが寝そべって、豪快にオッパイをあげています

ママは
ひと休み…

6
生後14日目。
同居しているメス（血縁関係はなし）が
赤ちゃんたちのお世話をします

まかせ
なさい

どーよ

7
生後17日目。
給水器からお水が
飲めるようになりました

8
生後27日目。
大きくなって元気よく遊びます。
でも、ママのそばも大好き！

9
生後32日目。
みんな砂に興味しんしん。
今日は砂浴びデビュー！

砂っ

砂やな

ごはん

ごはんは？

ごはん

10
生後33日目。
すっかり大きくなった子どもたち。

元気に育ってくれて、うれしいわ!!

繁殖にまつわる注意点

育児放棄

　落ち着かない環境などの理由で子育てできないとメスが判断したとき、育てるのをやめてしまうことがあります。育児放棄といいます。ミルクを飲めず、体が冷えてしまえば子どもは死んでしまいます。育児放棄されて間もないときに気がつくことができたら、人工哺育で育てることを考えてみてください。

　必要な世話には温度管理、ミルクを与える、排泄の手伝いなどがあります。

人工哺育

　人工哺育の一例を紹介します。あくまでも例なので、状況に合わせて臨機応変に対処することも忘れないでください。必要があれば、動物病院などにも相談してみましょう。

　デグーの体温は37.9℃なので、37〜38℃くらいの温度になるよう、プラケースにフリース布などを厚く敷き、ペットヒーターの上に載せた寝床を用意します。

　ミルクはペット用のものを与えますが、小動物の人工哺育で最近よく使われているのは、栄養価が高く消化のよいヤギミルクです。人肌程度の暖かさのものを、シリンジやフードポンプなどを使って飲ませます。誤嚥しないよう注意が必要です。生後2週間くらいまでは2時間置きに飲ませるとよいといわれています。飲みたがるだけ与えましょう。ミルクのあとは、肛門や生殖器のまわりを暖かく湿らせたコットンなどで刺激して排泄を促します。毎日、体重を測り、増えていることを確かめます。

子食い

　小動物でときどき起こるのが、子育てに適した環境ではないと母親が判断したり（落ち着かない、食べ物や水の不足、人が子どもに触ってにおいがつくなど）、生まれつき弱い子どもがいたときに、母親が子どもを食べてしまう「子食い」です。次の繁殖の機会を狙うための戦略で、デグーでもまれに起こるようです。ただ放棄するのではなくて食べるのは、天敵に見つかりにくくするためや、タンパク源とするためなどが考えられています。

　動物にとっては本能的な行動をしているだけですが、見ているほうとしてはたいへん辛いものです。このようなことにならないためには、若すぎる繁殖や近親交配など、弱い子が生まれる可能性を排除し、安心して子育てできる環境を作るようにしましょう。

持ち込み腹

　ペットショップからメスを1匹だけ迎えたのに、しばらくするとお腹が大きくなり、出産した……というケースがまれにあります。俗称「持ち込み腹」といわれます。性成熟しているのにオスとメスを分けずに飼育されていたときに起こります。店側の管理の悪さにも問題があります。

　1匹しか飼うつもりがなかったのに何匹も増えるのは想定外なので、生まれた子どもたちはペットショップに引き取ってもらうこともできますが、可能ならこれもなにかの縁と思って子どもたちも飼育をしたり、よい飼い主さんを探してあげてください。妊娠に気づいたら、出産できる巣箱や、タンパク質豊富な食事などを提供してください。

毛色のかけ合わせ

　動物によっては、交尾が成功しても胎児が育たなかったり、死産になるような致死遺伝子が知られているものがいます。ジャンガリアンハムスターのパール同士の交配などがよく知られていますが、デグーではまだよくわかっていません。パイド同士の交配は適さないのではないかともいわれています。

　また、デグーのカラーバリエーションの歴史はまだ浅く、珍しい毛色を出すために近親交配が行われている可能性もあります。同じペットショップから迎えた珍しい毛色のペアは血縁関係ということもありえるかもしれませんので確認をしましょう。

　いずれの場合も繁殖させようと思うときは十分に考慮してください。

難産

　お腹の中で赤ちゃんが育ち過ぎたり、産道が狭いなどの理由で難産になることがあります。予定日を過ぎても生まれてこないときは動物病院に連れていったほうがよいでしょう。帝王切開で生むケースもあります。

　飼い主にできる予防策としては、十分に体ができあがった個体を繁殖に使うことや、繁殖にあたってデグーを診てもらえる動物病院で診察を受け、骨盤部の開きをレントゲンで検査しておく方法もあります。

帝王切開で生まれた子どもたちが無事に育ったケース

デグー写真館 *Part 4*

幼いデグーの小さな様子に癒されましょう!!

おちび編

ママがお世話をしてくれて嬉しいね。

わらわら、わらわら♡

お目めもしっぽも
しぐさもかわいい〜。

遊びたいのに、
もうおねむなんだよ…ZZZ

今日も大きくなったよ！

おてても小さいでしょ！
毛もやわやわ♪

Chapter 8　デグーの繁殖

PERFECT
PET
OWNER'S
GUIDES

Chapter 9

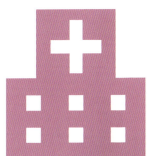

デグーと
健康

デグーの健康のために

Chapter 9 デグーと健康

日々の積み重ねが健康の秘訣

日々の飼育管理

わが家に迎えたデグーには、健康で長生きしてもらいたいものです。そのためにはまず、適切な飼育管理が大切です。デグーに適した食事、環境、接し方を知り、実践していきましょう。

ただし、ビタミンCが必要なのかどうか(59ページ参照)など、デグーの飼育には、まだはっきりとわからない点もあります。100%完璧な飼い方があるわけではないので、デグーの様子を見ながら試行錯誤することも、ときとして必要になるでしょう。

日々の健康記録

デグーの健康状態を確認し、いち早く異変に気づくためには、日々の健康管理が大切です。世話をしながら毎日の健康チェックを行い、記録をつけておきましょう(90ページ参照)。

いつもよりちょっと体を掻くことが多い、いつもペレットを先に食べるのに珍しくあと回しにしたなど、ちょっと気になったことでも記録しておくと、あとで参考になることがあります。診察のときには記録を持参するとよいでしょう。

続けることが大事ですから、どんな形でもまずは記録を始めてみましょう。長期間、続けることで、季節や温度による体調の変化などもわかります。気圧が低いと具合が悪くなるなどとわかっていれば、健康管理に大いに役立ちます。

Point

デグー 健康のための10カ条

1. デグーの生態、習性、生理を理解しよう
2. あなたのデグーの個性を理解しよう
3. 適切な飼育環境を整えよう
4. 適切な食事と水を与えよう
5. 健康的な体型を維持させよう
6. 適切な接し方をしよう
7. 過度なストレスを与えないようにしよう
8. 適度な運動の機会を作ろう
9. 日々の健康チェックを行おう
10. かかりつけ動物病院を見つけよう

健康第一!

(地域名)」などのキーワードで検索することもできます。

デグーを売っているペットショップで聞いたり、デグーを飼っている人たちにかかりつけの病院を聞いてみる方法もあります。

動物病院が見つかったら、健康診断を受けに連れていくとよいでしょう。動物病院への行き方、雰囲気や予約制かどうかなど診療のしくみや料金なども確かめておくことができます。獣医師と直接会うことで、相談や質問がしやすそうか、相性が合いそうか、といった点も考えることができるでしょう。

かかりつけの動物病院を見つけよう

　動物病院はたくさんありますが、デグーを診察してもらえる動物病院は非常に少ないのが現実です。デグーを飼うことになったらまず、動物病院を見つけてください。健康状態に不安があるときにすぐに連れていって診察を受けられますし、定期的な健康診断を受けることできます。

　また、飼育相談などにも応じてもらえる動物病院があると、とても心強いものです。ホームドクター、かかりつけ動物病院を見つけておきましょう。

動物病院の探し方

　家から近い動物病院に連れていければ、デグーへの負担も少なくなります。近所に動物病院があれば、デグーを診てもらえるか問い合わせましょう。

　インターネットで、「デグー　動物病院（地域名）」「エキゾチックペット　動物病院

ペット貯金のすすめ

　動物病院では診療費がかかります。体が小さいから安い、ということはなく、手術や入院をするとなれば数万円かかることもあります。デグーへの医療費にどのくらい割けるかは家庭によって違いますが、診療費のかかる治療を提示されたときに応じることのできる準備をしておくのはとてもよいことだと思います。

　犬や猫、一部のエキゾチックペットは「ペット保険」に加入できます。保険料を支払うことで治療代として一定額の保険金を受け取れるというものです。しかしデグーが加入できるペット保険はありません（2015年6月1日現在）。そこで、保険料を支払っているつもりで、ペット貯金をしておくのもよい方法です。

デグーの体を知ろう

Chapter 9 デグーと健康

目

鼻

後ろ足

後ろ足の裏

〈目〉
　視力は優れています(105ページ参照)。目の位置は正面ではなくやや側方にあり、また、わずかに顔の中心線よりも上にあるため、広い視野があります。瞳孔は縦長です。

〈鼻〉
　人に比べると嗅球が発達しています(105ページ参照)。犬のように湿っていることはありません。

〈耳〉
　聴覚も優れています(105ページ参照)。被毛はほとんど生えていません。大きな耳介は、音の発生源を探知するのに役立ちます。体熱を放散する役割もあります。

〈歯〉
　全部で20本の歯があり、すべての歯が伸び続けます(143ページ参照)。

〈ひげ〉
　鼻の左右に長いひげが密生しています。ひげは触覚をつかさどります(105ページ参照)。

〈指〉
　手足には5本ずつの指があります。4本には穴掘りに適した鋭い鉤爪があり、親指は退化しています。

〈手足〉
　器用な前足は、ものをうまくつかむことができます。手のひらにあるこぶ状の部分が役立っています。後ろ足には強いジャンプ力やキック力があります。

耳

ひげ

しっぽ

データ
体重……170〜300g
頭胴長……125〜195mm
尾長……105〜165mm
寿命……7〜10年
体温……37.9℃

被毛

　被毛は柔らかで、色は黄褐色〜茶色です。野生下ではその色がカモフラージュにもなります。腹部はクリーム色がかった白で、目の周りは明るい被毛になっています（カラーバリエーションについては34ページ参照）。

　デグーは紫外線の反射光を見ることができ、胸元の明るい色の被毛が紫外線を反射します。被毛は年に2回、夏になるときと冬になるときに生え換わります。

しっぽ

　仲間とのコミュニケーションにも使われる長いしっぽは、動き回るときのバランスをとるのにも役立ちます。しっぽの先端には房毛があります。先が広がって見える形状からデグーには「トランペットテール」という別名もあります。

消化管

　植物の細胞壁を分解し、植物から栄養を摂取するために、盲腸に住み着く細菌叢によって発酵が起こっています。

　食糞をします。1日の便のうち38%を主に夜、食べるといわれます。

生殖器

　123ページ参照

排泄物

　便は黒く、5〜10mmほどの楕円形で、乾いていてにおいもありません。

　尿は黄色っぽく濃いですが、濁った尿をすることもあります。

デグーの歯を知ろう

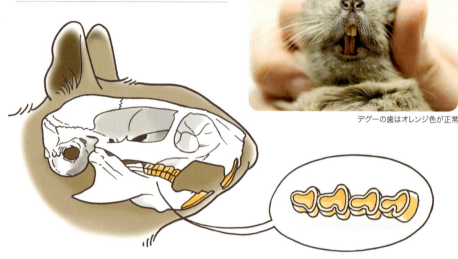

デグーの歯はオレンジ色が正常

デグーの分類(属名)の「Octodon」という名称には、「8の字の歯」という意味があります。これは、臼歯の咬合面が「8」の字に似ていることから名付けられました

（歯の本数）

デグーには全部で20本の歯があります。切歯(前歯)は上下合わせて4本あります。臼歯(奥歯)は、小臼歯が4本、大臼歯が12本です。犬歯はなく、切歯と臼歯との間には隙間があります。

（歯の色）

切歯の面は、黄色がかったオレンジ色をしているのが正常です。切歯の前側にあるエナメル質が作られるときにオレンジ色に着色されるからです。食べ物の色素によるものとも、鉄が取り込まれるからともいわれます。生後6カ月を過ぎるとオレンジ色になっていきます。

（伸びるしくみ）

デグーの歯は、生涯にわたって伸び続けます。歯が成長するのは、歯の根元(歯根)で歯の細胞が作られているからです。人のように歯が伸び続けない動物の場合には、歯の成長が終わると、神経を通す小さな穴を残して歯根が閉じます。そのため歯が伸び続けることはありません。

しかしデグーの歯は、すべての歯の歯根が開いたままになっているため、ずっと歯が作られ続けるのです。

デグーの場合は、切歯も臼歯もすべての歯が伸び続けますが、同じげっ歯目でも、リスやハムスターなどは、切歯だけが伸び続けます。げっ歯目のなかでもモルモットやチンチラ、また、ウサギなど草食動物は臼歯も伸び続けます。

健康チェックのポイント

デグーは、言葉で体調の変化を伝えてくれません。日々の健康チェックを行うことで体調の変化に気づき、病気を早期発見できるようにしましょう。

具体的な異常がなくても、飼い主が「なんとなく様子がおかしい」と思ったときには、なにか問題があるかもしれません。おかしいなと思ったときは、早めに動物病院で診察を受けましょう。

日々のチェックはここを見よう

◉**被毛や皮膚は?**　毛並みが悪くないか。脱毛や皮膚にフケ、傷はないか。1カ所だけをしつこく舐めたりかじったりしていないか。体を触ったときに痛がる場所やできもの、腫れ物がないか。

◉**顔まわりは?**　いきいきした表情をしているか。目やにが出ていないか、左右の目は、対称か(眼球突出がないか)。目はしっかりと開き、半目になったり、しょぼしょぼしていないか。涙が多くないか。目が白くなっていないか。鼻水が出ていないか。クシャミが多くないか。耳が汚れていたりくさくないか。口の周りが汚れていないか。よだれが出ていないか。口や鼻の周りなどを気にしていないか。切歯はオレンジ色か。

◉**お尻まわりは?**　泌尿器や生殖器に出血や分泌物はないか? オスのペニスが出たままになっていないか。肛門周囲が下痢で汚れていないか。陰部周辺が尿で汚れていないか。

◉**食欲は?**　多少の食欲の波はあっても、いつも食べるものを食べない、好物を食べないということはないか。食べ方がおかしくないか(食べこぼしが多い、よだれが出る)。水を飲む量が多かったり少なかったりしないか。

◉**動きは?**　活動時間なのにじっとしていたり丸まっていないか。寝てばかりいないか。ふらついたり、動き方がおかしくないか。足を引きずったり床につかないようにしていることはないか。体や頭が斜めになっていないか。いつもより落ち着きがないということはないか。歯ぎしりをしていないか。慣れていたのに急に気が荒くなった様子はないか。荒い呼吸をしていないか。運動した後に呼吸が戻るのが遅くないか。

◉**排泄物は?**　下痢や軟便をしていないか。便の量が少なくないか、大きさが小さくなっていないか、色に変化がないか。尿の量が減ったり増えたりしていないか、色に変化がないか。排泄するときに痛そうだったり、出にくそうにしていないか。

◉**体重は?**　体重が減少していないか。成長期や妊娠中でもないのに急に体重が増えていないか。

健康は楽しいデグーライフに欠かせません

デグーの病気を知ろう

Chapter 9 デグーと健康

わからないことも多い
デグーの病気

　デグーにも人と同じようにさまざまな種類の病気があります。しかし、デグーの病気についてはわかっていないことも多く、症状や診断、治療方法がはっきりしないものもあります。ここでは、主にデグーに多い病気を取り上げていますが、デグーの病気は掲載しているものがすべてではありません。

Point

デグーに多いと考えられている病気や症状

切歯の不正咬合

臼歯の不正咬合

オドントーマ

糖尿病

白内障

呼吸不全

しっぽのケガ（切れる、皮膚がむける）

脱毛症

足裏皮膚炎

食滞

ペニス脱

肥満

　今後、デグーの医療技術が進んでいくことで見つかる病気もあるでしょう。また、デグーが病気になったときに、飼い主が治療に対して前向きになり、獣医師の努力によって新たな治療方法が見つかることもあるかもしれません。「今はまだわからないことも多い」ということは理解しておきましょう。

病気の原因を
考えてみよう

　デグーに多い病気は、デグーの身体的特徴や飼育方法に関連するものが多いようです。不正咬合などの歯の病気が多いのは、「伸び続ける」という特徴とともに、食事や飼育環境が関連しています。

　外傷が多いのは、群れを作る動物なので多頭飼育をすることが多いこと、「高い場所に住んでいる」という情報への誤解からか落下などの危険性の高い飼育環境を作ってしまうことにもよるでしょう。

　また、「デグーには糖尿病が多い」といわれていますが、現在では異なる意見も出てきています。

　そのほかには、皮膚の病気や消化器の病気、呼吸器の病気などもデグーによく見られる病気です。

こわいよう

歯の病気

切歯の不正咬合

● どんな病気?

デグーの切歯は生涯にわたって伸び続けますが、ものを食べるときに上下の歯がこすれ合い、削れるので、伸び過ぎることは通常であればありません。食べていないときでも歯をこすり合わせ、歯の長さを適切に保とうとしています。

しかし、なにかの理由で上下の歯がきちんと噛み合わなくなることがあります。これが不正咬合です。不正咬合になると、上下の歯をこすり合わせて削ることができないため、歯がどんどん伸びてしまうのです。

切歯が噛み合わなくなる理由の1つには、ケージの金網をかじり続けることがあります。本来、歯にかからない方向からの力がかかり続けることによって歯がゆがんだり、歯根に負担がかかります。

高いところから落ちて顔をぶつけることも原因になります。この場合、切歯が折れてしまうこともあります。また、遺伝性の可能性も考えられます。

切歯の不正咬合があると臼歯の噛み合わせにも影響するため、臼歯が不正咬合になることもあります。

● どんな症状?

食べ物をうまく食べられなくなったり、くわえた食べ物をこぼしたりします。よだれで口の周りが汚れます。よだれを拭くために前足で口の周りをこすります。

食べないことが続けば毛づやが悪くなり痩せていきます。給水ボトルがうまく使えず、水も飲めなくなります。

● どんな治療?

動物病院で、歯を適切な長さに削ります。一度なると治りにくく、定期的に削る必要があります。家でニッパーなどでカットしようとすると、歯に無理な力がかかって歯根を傷めたり、歯に縦にヒビが入ることもあるので、動物病院で処置してもらうようにしましょう。

● どうやって予防?

ケージをかじらせないように工夫します。金網をかじるのをどうしても止められないときは、

切歯の不正咬合。下顎の歯の伸び過ぎ

切歯の不正咬合。上顎の歯の伸び過ぎと左下顎の歯の伸び過ぎがみられる

金網の内側に木製の柵を取りつけるなどして金網をかじれないようにするのが有効です。

また、かじり木を与えるのもよいでしょう。退屈予防になるので、金網から注意を逸らすことにつながります。切歯を使う機会を増やすことにもなります。

落下事故を防ぐため、ケージ内にロフトやステージなどを設置するときは、徐々に低いところに移動できるよう、らせん状に配置するなどの工夫をします。

臼歯の不正咬合

●どんな病気？

デグーは臼歯も伸び続けますが、繊維質の多い植物をすりつぶしながら食べるため、下顎の歯が上顎の歯の咬合面（噛み合わさる面）をまんべんなくこすり合わせ、上下の歯が削れて適切な長さが維持されています。

ところが、繊維質の少ない食べ物や、簡単に砕けるような食べ物ばかり食べていると、臼歯をまんべんなくこすり合わせることができません。そのため臼歯の一部分だけが削れ、こすり合わない部分が伸び、歯が噛み合わなくなります（不正咬合）。

そして多くの場合、上顎の臼歯が頬側に、下顎の臼歯は舌側に向かって棘のように伸び、口の中を傷つけます。

また、臼歯の不正咬合は遺伝する可能性もあります。

●どんな症状？

よだれを出し、口をくちゃくちゃしていたりします。よだれで口の周りが汚れ、口を気にする動作が見られます。前足で口の周りを拭くので前足が汚れます。ものを食べなくなり、痩せていきます。食べなければ便は小さく、少なくなります。不正咬合があっても食べることはありますが、その場合にはよだれが多く出ます。歯ぎしりの症状が見られることもあります。食べたそうな様子をしているのに食べないときは不正咬合を疑いましょう。

Topics

歯根膿瘍

歯根部が伸びて炎症を起こし、膿がたまることがあります。上顎の歯根膿瘍では、目の下が腫れたり、目が飛び出て見えることがあります。下顎の歯根膿瘍では、頬や顎が腫れてきます。

臼歯の不正咬合。下顎の臼歯が舌側に伸びている

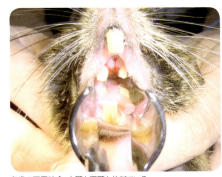

臼歯の不正咬合。上顎も下顎も伸びている

●どんな治療?

臼歯を削り、長さや向きを適切にそろえます。定期的に状態をチェックし、棘ができていたら削ります。一度なると治りにくく、定期的に削る必要があります。麻酔下で処置を行いますが、棘をカットするだけなら無麻酔で行うケースもあります。

●どうやって予防?

牧草を十分に与えます。牧草のような繊維質の多い食べ物を食べ、臼歯をしっかり使うことが最大の予防になります。

不正咬合は遺伝する可能性もあるので、不正咬合のデグーは繁殖に使わないようにします。

オドントーマ

●どんな病気?

「仮性歯牙腫（かせいしがしゅ）」とも呼ばれる病気です。伸び続ける歯をもつ動物では、歯根の根元では常に新しい歯の組織が作られているので、歯がすり減っても短くなり過ぎることがありません。ところが、切歯が強い衝撃を受けたり、折れたりすると、歯根部で作られた歯が正常に伸びることができず、歯根部に留まって硬いこぶのようになってしまいます。

上顎の切歯の歯根部にこぶができると、そのすぐそばにある鼻腔や副鼻腔などの気道が狭くなったり、こぶに圧迫されることで、鼻炎や副鼻腔炎が生じたりします。デグーは普通、鼻から呼吸をしていますが、空気の通り道が狭くなるために呼吸しにくくなり、呼吸困難になります。

●どんな症状?

クシャミや鼻水が出ます。炎症がひどくなると膿のような鼻水が出たり、呼吸をするときに異音がします。鼻や口の周りを気にします。鼻で呼吸ができないので口呼吸をしますが、うまくできないために空気を飲み込み、お腹にガスがたまったりします。呼吸困難を起こします。食欲がなくなり、痩せていきます。

●どんな治療?

こぶができている切歯を、こぶごと抜歯する方法があります。こぶが大きいと完全に抜歯できないこともあります。

抜歯をしないときは、鼻の上部の骨に穴を開け、空気の通り道を作ります。自然にふさがってくるので、繰り返し穴を開ける必要が

Topics

歯の破折

ケージかじりや落下事故で、切歯が折れることがあります。折れただけならまた伸びてきますが、歯根も傷めてしまっていると伸びてこなかったり、伸びる方向が異常になったりし、その歯と噛み合うはずの歯の伸び方もおかしくなります。

臼歯の不正咬合。下顎の臼歯が驚くほど伸びている

あります。

鼻炎などの炎症を抑えるには、抗生物質や抗炎症剤を投与します。これらの薬を鼻から吸入させるネブライジングという治療を行うこともあります。呼吸が苦しいのを助けるために酸素吸入させることもあります。

●どうやって予防?

金網をかじらない、落下事故を起こさないようにしましょう(切歯の不正咬合の予防と同様)。

患部は上顎の歯根の付け根のところ

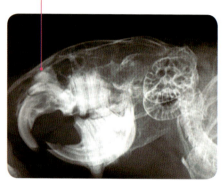

オドントーマのレントゲン写真(頭部拡大)

口呼吸して空気を飲み込み、お腹にガスがたまっている

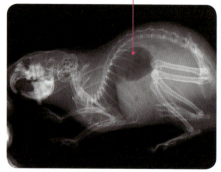

オドントーマのレントゲン写真

内分泌の病気

糖尿病

●どんな病気?

デグーに多いといわれてきた病気に糖尿病があります。デグーは最初、糖尿病の研究モデルとして知られるようになったという経緯があります。糖尿病とは、血糖値が高い状態が続くことでさまざまな問題が起こる病気のことです。

ものを食べると食べ物に含まれる糖質は体内で分解されて「ブドウ糖」になり、血液中を通って全身をめぐります。ブドウ糖はエネルギー源としてとても重要な栄養素の1つです。

血液中にあるブドウ糖の量を示すのが「血糖値」です。食事をすると「インスリン」というホルモンが大量に分泌されます。インスリンは、ブドウ糖をエネルギーに変えるなどの働きをして血糖値を調整しています。

ところが、インスリンが足りなかったり、きちんと働かないと、エネルギー不足や血糖値が高いままになってしまいます。人では、インスリンを分泌する細胞が壊れている「1型」と、インスリンの分泌量が減ってきたり、肝臓や筋肉がインスリンの作用をあまり感じなくなることが原因の「2型」があります。

デグーの糖尿病について、はっきりしたことはわかっていませんが、これまでにいわれているのは以下のようなことです。

デグーの血糖値もほかの動物と同じように、ものを食べたときに上昇します。

糖質の少ない食事を摂っていれば、いったん上がった血糖値は時間とともに下がると

いう通常の動きをしますが、糖質の多いものを与えると、血糖値が下がるのに時間がかかります。その結果、次に食事を与えるときまでに血糖値が下がりきっていないので、血糖値がずっと高いままになってしまいます。

そして、デグーはほかの哺乳類と比べてインスリンの働きが弱い（1～10％しかない）ので血糖値が下がりにくいといわれていました。

ところが、デグーには、独特の血糖値をコントロールするしくみがあるのではないかという研究結果も示されています。

現在では、必ずしも「デグーは糖尿病になりやすい動物である」といえないのでないか、と考えられています。

●どんな症状？

糖尿病は気がつきにくい病気です。元気がない、水を飲む量が増える、尿の量が増える、痩せてくるなどの症状が見られます。尿が甘くなるため、同居している他のデグーがそれを舐めたりすることがあるといわれます。

●どんな治療？

発症すると治療が難しい病気です。インスリン注射で血糖値を適切に維持するのが一般的な治療方法ですが、デグーでは難しいものです。血糖降下剤を投与する方法もあります。並行して食事療法や点滴などの対症療法も必要です。

また、糖尿病は免疫力を低下させるので、感染症にならないように衛生的な環境を作ることも大切です。

●どうやって予防？

糖質は生き物に必要な栄養素です。糖

Topics

糖尿病性の白内障

糖尿病による合併症の1つに白内障があります。デグーは、糖尿病になると白内障を発症しやすく、糖尿病発症後、4週間以内で白内障を発症するといわれます。（161ページ参照）

質を与えることが悪いのではなく、過剰な糖質を繰り返し与え続けることが問題です。これはどんな動物も同様です。

むやみに糖尿病を恐れるよりも、「もともと粗食に耐えている草食小動物」なのだから、栄養価の高いものを過度に与えず、低タンパクで繊維質の高い牧草などの食事を与えること、そして十分な運動をさせることで健康が維持できるのだと考えるのがよいのではないでしょうか。

糖質の多い食べ物は、とっておきのおやつとして上手に使うのがよいでしょう。

糖尿病になりやすい傾向が遺伝する可能性もあるので、繁殖には使わないほうがよいでしょう。

呼吸器の病気

鼻炎

●どんな病気?

鼻の奥(鼻腔、副鼻腔)に炎症が起こる病気です。原因はさまざまで、細菌感染やウィルス感染によって起こる場合、上顎の切歯や臼歯の歯根が伸びたり、オドントーマ(145ページ参照)によって起こる場合などが考えられます。

針葉樹のチップがアレルギーの原因になることもあります。また、ウッドチップや牧草の細かな粉、砂浴び用の細かな砂でクシャミや鼻水が出たりします。異物によってたまたまクシャミが出ることはありますが、こうした刺激が繰り返し続けば鼻炎の原因になります。

●どんな症状?

鼻水やクシャミが出ます。軽いうちはサラサラした鼻水ですが、症状が進むと粘り気があったり、膿のような鼻水が出ます。鼻を拭く仕草が増えます。頻繁に鼻水を拭いていると、前足の内側の被毛が汚れます。

●どんな治療?

抗生物質を投与したり、必要に応じてネブライザーでの治療をします。鼻炎の原因となっていることがあればそれを解決します(環境の見直し、歯科疾患の治療など)。

●どうやって予防?

寒暖の差に注意し、冬場には隙間風、夏場にはエアコンの風が当たらないように気をつけてください。

また、ほこりっぽい環境にならないようにしましょう。チンチラ用の砂浴び用砂は通常、問題なく使えますが、砂浴びをしたあとでクシャミを頻発するようなら、粒の大きな砂に変えたほうがよいかもしれません。

不衛生にならないようケージ掃除をこまめにします。歯科疾患を予防しましょう(143〜146ページ参照)。

肺炎

●どんな病気?

細菌感染やウィルス感染が肺や気管支にまで進行すると肺炎になります。

幼い個体や高齢、なにかの病気で体調を崩しているうえに温度変化や隙間風などの不適切な環境にさらされたりすると発症しやすくなります。

●どんな症状?

早くて荒い呼吸をします。呼吸時にゼイゼイしたり、咳をします。涙目になったり鼻水が

Topics

心臓の病気

心臓の病気があるときにも、速くて荒い呼吸をするなどの呼吸の異常が見られます。

また、疲れやすくなることもあります。特に高齢になると増える病気の1つです。

心臓の筋肉が伸びて心臓内部の壁が薄くなり、そのために空間が広がってしまい、血液を送り出す力が弱くなる「拡張型心筋症」などが知られています。

出ます。食欲や元気がなくなり、痩せていきます。進行すると深刻な状態になります。

●どんな治療?

抗生物質を投与したり、ネブライザーで気管拡張剤を吸入します。酸素室に入れて呼吸を助けることもあります。

●どうやって予防?

温度管理(温度変化や隙間風)に注意し、ほこりっぽい環境など肺炎のきっかけになりやすい環境を作らないようにします。不衛生にならないようケージ掃除をこまめにします。

Topics
応急手当:呼吸困難

デグーが口を開いて呼吸をしたり、全身を使って荒い呼吸をしているときは、呼吸困難を起こしています。

応急処置として、プラケースなどの中にデグーを寝かせ、市販の携帯酸素で酸素を入れて吸わせることもできますが、あくまで一時的なものです。早急に動物病院で診断を受けてください。

呼吸困難が続くなら、ペット用酸素室のレンタルを利用する方法もあります。

Topics
骨軟骨腫

骨軟骨腫は、骨にできる良性腫瘍です。高齢になると増える病気です。骨の軟骨組織が本来あるべきところではない場所でこぶ状になります。デグーでは鼻の中にできると、空気の通り道をふさぐことが多く、呼吸困難の原因になります。

骨軟骨腫の手術後のデグー

手術によって取り除かれた骨軟骨腫

骨軟骨腫は切歯の上、鼻腔内にある小石状のもの

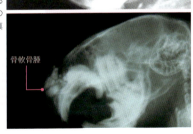

骨軟骨腫のあるデグーのレントゲン写真

骨軟骨腫

皮膚の病気

脱毛症

●どんな病気?

デグーによく見られる主な脱毛症は、真菌によるもの（次の項目参照）やホルモンバランスの異常によるものなどです。

不適切な温度、湿度、日照時間や、ストレスによる自律神経の不均衡などがホルモンバランスの異常の原因となります。不適切な日照時間には、昼間は外からの光で明るく、夜は室内の照明で明るく……と1日中、明るい環境で飼い続けることなどがあてはまります。

そのほかに脱毛の原因として考えられるものには皮膚炎、代謝異常、栄養バランスの悪化、ダニなどの外部寄生虫（152ページ参照）、アレルギー、ストレス、毛引き（162ページ参照）など多くのものがあります。ケージの金網をかじるときにこすれて、鼻の上の毛が切れてしまうこともあります。

下記の写真は、左右ともに栄養性か内分泌系の異常が考えられます。

Topics

換毛期

デグーは年に1〜2回の換毛期があり、この時期には抜け毛が多くなります。生え換わった部分とこれから生え換わる部分とで毛の色が違っていたり、毛の長さに段差ができたりしますが、これは正常です。しかし、換毛期でも皮膚が見えるほど毛が抜けてしまうことはありません。

●どんな症状?

脱毛の場所や状態は原因によってさまざまです。

ホルモンバランスの異常による脱毛症では痒がることはありませんが、皮膚が黒ずむことがあります。代謝異常、ストレス性の脱毛でも、痒がることはありません。

細菌性皮膚炎やダニなどの寄生虫によるものでは、痒みがあります。

●どんな治療?

原因によってさまざまです。視診だけで原因がわからないこともあるので、原因をさぐる

下顎に脱毛が見られるデグー

脱毛症の原因はさまざまなので、飼い主による観察が重要

ために各種検査を行うこともあります。また、複数の原因を視野に入れて治療を行うこともあります。

不適切な飼育環境が原因と考えられる場合は、環境を整えることが大切になります。

●どうやって予防?

ホルモンバランスの異常による脱毛症を防ぐには、適切な飼育環境を整えます。温度や湿度のほか、日照時間(昼は明るく、夜は暗く)にも注意します。

タンパク質は被毛の材料にもなりますから、過度に太り過ぎを心配して低タンパクになり過ぎないようにしましょう。

真菌症

●どんな病気?

真菌症とは、カビの一種である真菌(皮膚糸状菌)の感染で起こる皮膚の病気です。感染すると起こる脱毛が丸い形をしていることが多いため、リングワーム(輪癬)とも呼ばれます。皮膚糸状菌には多くの種類がありますが、動物で知られているのは毛瘡白癬菌、犬小胞子菌、石膏状小胞子菌で、特にげっ歯目では毛瘡白癬菌の感染がよく見られます。

健康なら感染しても症状を見せないことが多いですが、幼い個体や高齢、また、免疫力が低下していると発症しやすくなります。

デグー同士や他の動物に感染したり、人にも感染するので注意が必要です(人と動物の共通感染症168ページ参照)。

顔に発症している場合、毛づくろいをした前足にも感染が広がることがあります。

●どんな症状?

個体が健康なら無症状なことも多いですが、発症すると脱毛、毛が薄くなる、フケが出るといった症状が見られます。痒みは軽いものです。鼻の周りや耳、足に見られることが多いようです。

●どんな治療?

患部の皮膚や毛を培養検査して原因をつきとめます。抗真菌剤を投与します。

きちんと治療すれば治る病気ですが、完治までには時間がかかることもあります。自己

真菌症の症状。真菌の感染によって脱毛する

Topics
被毛の成長段階

被毛は、成長期・移行期・休止期・成長期……というサイクルで成長し、生え変わっています。脱毛をともなう病気の治療をしたのにすぐに毛が生えてこないと心配になりますが、それが休止期なら生えてこなくても問題ありません。休止期が終わるまで待つか(数カ月かかることも)、次の換毛期になるまで気長に様子を見ることも必要です。

Topics

毛並みが悪い

脱毛などが見られなくても、毛がぼさついていたり毛並みが悪いときは体調が悪いことがあります。ていねいに毛づくろいをする余裕がなかったり、体に痛みがあるのかもしれません。毛並みが乱れているなと思ったら、様子をよく見てください。

判断で治療をやめないでください。
同居しているデグーに感染している可能性もあるので、一緒に検査を受け、治るまでは別々に飼うほうがよいでしょう。砂浴びの砂も共有しないようにします。

◎どうやって予防?

適切な温度・湿度で飼い、衛生的な環境を心がけましょう。

足底皮膚炎

◎どんな病気?

足の裏に部分的に負担がかかり、床ずれのようになったり、タコができたりします。黄色ブドウ球菌などの感染が起こることもあります。

クッション性のない金網の上や、硬い素材の上で動かずにじっとしていたり、不衛生な環境、太り過ぎなどが影響して起こりやすくなります。爪が伸び過ぎて指先が浮き、足の裏の一部で体重を支えるようになってしまうことも原因の1つです。

◎どんな症状?

足の裏に傷ができる、腫れている、硬くなっている、潰瘍ができているといった症状が見られます。痛みのために足を引きずったり、動きたがらなくなります。

◎どんな治療?

患部を清潔にします。抗炎症剤の投与や感染を防ぐために抗生物質を投与します。膿がたまっているときは排膿します。飼育環境を見直して柔らかい床材を使います。

◎どうやって予防?

ケージの底には柔らかい床材を敷き、ステージやロフトは足の裏への当たりが優しいものを使いましょう。活発に動き回れる、衛生的な環境作りを心がけます。また、肥満を予防しましょう。

環境が悪いと
足への負担によって、
足裏が炎症を起こすこともある

Topics

外部寄生虫

ダニやノミなどの寄生虫が感染する可能性もあります。ペットとして飼われているデグーは野生個体ではないので、ノミやダニがついていることは少ないですが、周辺にいる動物から感染するといったことがあるかもしれません。

ひどく体や耳を痒がる、耳が痒いために頭を振るような仕草をする、耳の中に黒い耳垢がたまっているなどは、耳ダニの可能性があります。

消化器の病気

食滞(しょくたい)

●どんな病気?

デグーのような草食動物は、1日のうち多くの時間を採食とその消化に費やしています。栄養価の低い植物から栄養を摂るため、消化管はほとんど休みなく働いています。

ところが、なにかの原因で消化管の動きが滞ることがあります。そうなると食べたものが消化管の中に留まってしまいます。これを「食滞」といいます。「消化管うっ滞」などの呼び方もあります。

消化管の動きが悪くなる原因は、食欲不振、繊維質の少ない食事、水分不足、ストレス、気温の急変や寒さ・暑さ、運動不足、異物の誤食などさまざまです。

原因の1つ、食欲不振になる原因もまた多くあります。不正咬合などによって食欲がなくなることは多いですし、ストレスが食欲不振の原因となり、食滞になってますます食べなくなるなど、さまざまな状況が複雑に関係しています。

〈毛球症〉

デグーではウサギほど毛球症は知られていませんが、毛づくろいで抜け毛を飲み込むということ、飲み込んでいても消化管が正常に働いていれば便として排出される、というしくみは同じです。

消化管の働きが弱くなり、抜け毛が排出されにくくなると、消化管に毛球ができることもあるでしょう。それが食滞の原因になることもあります。

〈鼓腸症〉

食滞になると、消化管に残っている食べ物のカスが異常発酵してガスが発生し、お腹にたまります。痛みがあり、苦しいのでますます食べなくなり、深刻な事態になることもあります。

●どんな症状?

食欲がなくなり、その状態が続けば痩せていきます。便が小さくなったり、量が減ります。元気がなくなります。

ガスがたまるとお腹がふくれ、激しい腹部の痛みがあります。痛みでじっと丸まっていたり、強い歯ぎしりをします。腹部を押すと硬くなっています(むやみに強く押さない)。

●どんな治療?

原因や症状によってさまざまです。

消化管の動きを促進する薬を投与したり、痛みがあるなら鎮痛剤を投与します。水分不足の可能性があれば補液をします。

強制給餌をして消化管の動きを促進することもありますが、異物や毛球などが詰まっているときの強制給餌は、危険だということも知っておきましょう。

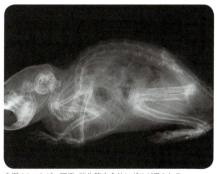

食滞のレントゲン写真。消化管内全体にガスが見られる

●どうやって予防？

繊維質の多い食事を与えましょう。普段の食生活で、牧草を切らさないように常に与えてください。適切な飼育環境を整えることもとても大切です。

下痢

●どんな病気？

デグーはさまざまな理由から下痢をします。その症状は、軽いものから深刻なものまで多岐に渡り、細菌、ウィルス、原虫などの感染、不適切な食事、ストレスなどが原因になります。食滞（前の項目）も原因の1つです。軽いものでも期間が長くなると体力を奪われてしまいます。

デグーに特に多い病原体についての情報はあまりありませんが、一般的にはクロストリジウム菌、大腸菌、サルモネラ菌などの細菌やジアルジア、コクシジウムなどの原虫が知られています。

不適切な食事には、繊維質が足りていない食事、日頃水分の多い野菜類を与えていないのに急にたくさん与えるといった食事内容の急変などが含まれます。当然、腐敗した食べ物も下痢の原因となります。

また、デグーにストレスがあると自律神経が乱れ、腸の働きに影響するため、下痢を引き起こします。ストレスには環境、不適切な接し方、相性の悪いデグーとの同居などが考えられます。

体の小さなデグーにとって、下痢は非常に体力を消耗するものです。すぐに治療を受けることが大切です。

ひどい下痢でお尻周辺が濡れて体が冷えることで、ますます弱ってしまうこともあります。特に幼いデグーの下痢は致命的なケースもあるので、少しでも便の状態がよくないと思ったら診察を受けてください。弱っているデグーを病院まで連れていくことに不安があるなら、検便だけでもしてもらうとよいでしょう。

●どんな症状？

軟便程度から、形にならない便、水のような便、血の混じった便や、粘膜がついた便も見られます。肛門の周囲が汚れていることもあります。下痢が続くと脱水状態になります。食欲不振、元気がないといった症状も見られます。

●どんな治療？

原因や状態によって、補液、抗生物質や駆虫剤の投与などを行います。環境や食事が原因の場合は、適切なものに変更します。感染性の下痢の場合は、同居しているデグーにうつることがあるので、完治するまで別々に飼育しましょう。

●どうやって予防？

衛生的でストレスがなく、室温の急変などのない適切な環境と、十分な繊維質を含む適切な食事を与えます。

感染性の場合、床材や砂などを介して感染が広がることもあるので、下痢をしているデグーと飼育用品を共有しないようにします。

便秘

●どんな病気?

便秘とは、便が出ない、または出にくくなることをいいます。便秘にもいろいろな原因が考えられます。繊維質の不足などで食滞を起こし、消化管の動きが悪いと便が出にくくなります。

飲水量が減るなど、水分不足になると便秘になりやすいでしょう。給水ボトルから水がうまく出ていないことなどもまれにあるので、注意が必要です。

また、食事をとっていなければ便は出なくなります。

異物を食べ、腸閉塞を起こしている場合もあります。かじらない個体ならケージ内でフリースやペットシーツなどを使ってもよいのですが、よくかじる場合にはそれが腸閉塞の原因にもなるので注意してください。

●どんな症状?

便が出ない、小さくなる、量が少なくなるといった変化が起こります。排便するときに時間がかかったり、痛そうにします。腸にガスがたまると痛みがあるため丸まっていたり歯ぎしりをすることもあります。元気がなくなったり毛並みが悪くなります。

●どんな治療?

原因を取り除く治療を行います。水分不足なら補液をしたり、消化管の動きを促進する薬を投与します。痛みがあるなら鎮痛剤を投与します。

食べていないことが原因なら、食滞と同様に強制給餌をすることもありますが、腸閉塞を起こしているときに強制給餌をするのは危険な場合もあるので、自己判断をしないでください。

●どうやって予防?

適切な飼育環境を整え、繊維質の多い食事を与えてください。十分な牧草を与えましょう。

Topics
消化のしくみ

デグーは、ほかの草食げっ歯目やウサギなどと同じように、繊維質から効率よく栄養を摂取する消化のしくみをもっています。動物はセルロース(植物の細胞壁の主成分)を分解する酵素をもっていないので、そのままでは植物から十分な栄養を摂ることができません。

しかし、腸内細菌の働きによってセルロースを分解、発酵させて、繊維質からも栄養を摂ることができるのです。

なお、デグーは自分の便を食べることがありますが、これは正常な行動です。

外傷

しっぽのケガ（尾抜け、尾切れ）

●どんなケガ？
〈尾抜け〉

デグーのしっぽには、骨（尾椎）と皮膚をつなぐ皮下組織がほとんどありません。そのためしっぽを強くつかむと、まるでペンのキャップを外すように尾椎から皮膚が抜けてしまうことがあります（つかんだそのときではなく、数日してから抜けることもあるようです）。

天敵から捕まりそうになったときに、しっぽをくわえられたり、つかまれても逃げられるようになっているので、野生下ではデグーの命を救うこともあります。しかし飼育下では思わぬケガをさせてしまうことになります。

皮下組織を保護するべき皮膚がないので、細菌感染しやすくなります。時間がたつと患部が壊死して、自然と切れてしまうこともありますが、デグーが気にして自分でかじり切ってしまうこともあります。

〈尾切れ〉

デグーのしっぽを強くつかむと、途中から切れてしまいます。先端だけが切れることもあれば、根元近くで切れることもあります。回し車のスポークにしっぽをひっかけて切れることもあります。

切れやすい理由は前述の通りです。切れたしっぽがその後、再生することはありません。それほど出血はしないので、血さえ止まれば傷そのものは治りますが、デグーが患部を気にしてかじってしまうこともあります。

●どんな症状？
〈尾抜け〉

骨と皮下組織がむきだしになります。わずかに出血が見られることがあります。時間がたつと壊死して黒っぽくなります。

Topics

筋骨格の病気

歩き方がおかしかったり、足を引きずるようにしている原因の1つには、筋骨格の病気があります。デグーでは、変形性脊椎症や椎間板ヘルニアが報告されています。

切れてしまったしっぽ。

デグーのしっぽは、少しのことで切れたり皮がむけてしまう

〈尾切れ〉

しっぽが切れ、皮下組織や骨が見えたりします。わずかに出血があります。

●どんな治療?

〈尾抜け〉

感染症を防ぐために抗生物質を投与します。のちのちデグーがかじってしまうことが多いので、そうなる前に切除することもあります。

〈尾切れ〉

切れた場所がふさがり、自然治癒することもありますが、患部を気にしてかじってしまうこともあります。感染の心配があるときは抗生物質を投与します。

しっぽは、バランスをとるためにも使われます。しっぽが短くなっても、時間がたてば慣れていきますが、細い止まり木の上を歩くようなケージレイアウトでは、危ないこともあるので注意してください（止まり木は外す、止まり木の下にハンモックを吊るなど）。

●どうやって予防?

〈尾抜け〉〈尾切れ〉

デグーを扱うときにしっぽをつかまないでください。普通に接しているときには注意していても、デグーが逃げようとしたときなどに、とっさにつかんでしまうこともあります。

部屋で遊ばせているときには、常にデグーがどこにいるのか確かめるようにしてください。足で踏むほか、床に手をつくときにしっぽの上に手を乗せてしまうこともあるので気をつけましょう。

噛み傷、引っかき傷

●どんなケガ?

デグーは本来、攻撃的ではなくおだやかな性格ですが、同居デグーと相性がよくないときや、なにか気に入らないことがあったときなどに噛みつくことがあります。鋭い切歯をもつデグーに本気で噛みつかれると、致命的な大ケガをします。

傷口から細菌感染すれば、膿がたまって腫れたりします。表面的には小さな傷でも、深くまで達していて、筋肉や神経を傷つけていることもあります。

デグーは爪も鋭いので、ケンカの際に引っかけば皮膚や目を傷つけます。

●どんな症状?

傷や出血があります。皮膚が赤くなったり、腫れていたりして、触ると痛がることがあります。目を引っかかれていると、傷、濁り、涙、目やにを引き起こします。

ペットショップで複数のデグーが一緒に飼われていると、しっぽや耳がかじられていることがあります。

Topics

応急手当:出血

わずかな出血なら、清潔なガーゼなどで圧迫止血をすることで止まります。環境を清潔にして、細菌感染を防ぎます。

ただし、見た目は小さく、出血が少なくても深刻な傷である場合もあるので、動物病院で診察を受けることをおすすめします。

●どんな治療?

患部を消毒し、感染を防ぐために抗生物質を投与するなどの治療をします。

傷口から細菌感染しないよう、衛生的な環境にしておくことが必要です。

仲が良くても、ケガをするようなケンカになったら、いったん別々に分けてください。

●どうやって予防?

相性の悪いデグー同士を同居させないようにします。特に大人になってからオス同士を一緒にすると、順位づけのためにひどいケンカをします。

相性が悪くなくても、ケージ掃除のあとにケンカが起こりやすいともいわれます。多頭飼育をしているときは、デグー同士の相性を常に確認するようにしましょう。

骨折

●どんなケガ?

デグーが骨折する理由にはケージ内や室内の高い場所からの落下、デグーを手や肩に乗せたまま立ち上がり、歩いているときに落とす、部屋で遊ばせているときに踏むなどがあります。ケージや回し車の網に爪や指、手足を引っかけ、暴れてもがくうちに骨折することもあります。

状況によっては骨折だけでなく内臓も損傷していることがありますし、脊椎を損傷していると、四肢が麻痺したり排尿困難になる可能性があります。

様子がおかしいと思ったらできるだけ早く、動きまわらないよう小さなケージ(キャリーケース、プラケース)に入れて動物病院に連れていきましょう。デグーは痛みに強いともいわれているので、落下事故などケガをした可能性の高いトラブルのあとで平気な様子をしていても、念のため診てもらうと安心です。

●どんな症状?

骨折した場所によりますが、手足を浮かせて歩いたり、引きずったりします。痛みがあるためじっとしています。ぐったりしていることもあります。

●どんな治療?

骨折した部位をピンで固定する手術などを行います。

骨折の状態が軽ければ、特になにもせず、狭いケージなどで運動を制限して自然治癒

外傷の原因を考えて、再発を防ぎましょう

糸がからんでしまい、血流が止まってしまって大ケガとなる

を待つ場合もありますし、バンテージなどで固定することもあります。

状態が悪ければ、断脚という選択肢もあります。

● どうやって予防？

ケージ内のレイアウトを安全なものにしましょう。室内で遊ばせているときには常にデグーがどこにいるか確認してください。足元、ドアの開閉時、ラグマットやクッションの下に注意しましょう。

Topics

応急手当：深爪

デグーの爪には血管が通っているため、爪を短く切り過ぎると血管を傷つけて出血します。たいていの場合、しばらくすれば血は止まりますし、心配なら切り口を清潔なガーゼなどで押さえて圧迫止血をします。

血が止まらなかったり、指まで切っているようなら動物病院に連れていきましょう。爪を切るときは先端を少しだけ切るようにしてください（92ページ参照）。

そのほかの病気

ペニス脱

● どんな病気？

デグーのペニスは通常、包皮に収まって体の中に引っ込んでいます。しかし、なんらかの理由で出たままになることがあります。ペニス脱といいます。

ペニスが包皮から出ているのは、交尾のときのほかに、グルーミングや性的なフラストレーションがあるときなどです。そのときに、糸くずや被毛などがからまる、ペニスが出ている時間が長くて乾いてくる、ペニスが腫れている、などがあると容易に包皮に戻らなくなります。

時間がたつと壊死したり、デグーが気にしてかじってしまうこともあります。

● どんな症状？

ペニスが出たままになっています。時間がたつと赤黒くなったり、黒く壊死します。オスのデグーがしきりに生殖器周辺を気にしているときは、出たままになったペニスを舐めたりかじったりしていることがあります。

ペニス脱はデグーに多い

ペニスを気にしているときは注意

●どんな治療?

絡まっているものがある場合は、ワセリンなどを塗って元に戻るようにします。必要に応じて抗生物質や抗炎症剤を投与します。

●どうやって予防?

予防は難しいので、早く気づいてあげるようにしましょう。

Topics

応急手当:ペニス脱

糸くずや被毛を自力で取り除こうとして傷つけるようなことがあっては大変です。できるだけ早く動物病院で処置してもらいましょう。それまでの間、可能であればペニスを乾燥させないよう、ワセリンなどを薄く塗っておきます。

ペニスを湿らせることで簡単に戻る場合は、家での処置が可能ですが、無理はしないでください。

メスでは膣脱が起こることもある

腫瘍

●どんな病気?

腫瘍とは細胞が異常な増殖を起こす病気です。腫瘍には、増殖のスピードが遅く、転移しない「良性腫瘍」と、増殖スピードが早く、転移してしまう「悪性腫瘍(がん)」があります。

デグーは腫瘍が少ないといわれていますが、それでもいろいろな種類の腫瘍が見られます。

みわエキゾチック動物病院の診療記録によると、後肢下腿部の線維肉腫、肩部の腺腫や血管腫、鼻腔内の線維性ポリープや骨腫、頬部の肉腫、手根部の血管腫、前肢の線維腫、腸管の腺癌などが見つかっています。

腫瘍の原因には環境や遺伝などさまざまなものが考えられています。

高齢になると腫瘍の発生が増えるのは、ほかの動物と同様です。

●どんな症状?

腫瘍の種類やできる場所によってさまざまです。皮膚に近い場所であれば、しこりや腫れものに気づきやすいでしょう。痩せたり元

気がなくなる、食欲がなくなるといった症状も見られます。

○どんな治療?

腫瘍の種類やできる場所、個体の年齢や健康状態などによりさまざまです。摘出手術、化学療法(抗がん剤など)などがあります。

治療することによってどのくらいよくなる可能性があるのか、副作用などデメリットはどのくらいあるのかといったことや、経済的な負担なども含め、獣医師とよく相談して決めるとよいでしょう。

積極的な治療をせず、生活の質を高めることを優先させるというのも選択肢の1つになります。

○どうやって予防?

絶対にならない、という方法はありませんが、適切な飼育環境で飼い、日々の健康チェックで早期発見につとめましょう。

白内障

○どんな病気?

目の中には、ものを見るときにピントを合わせるレンズの役割をしている「水晶体」があります。白内障は、水晶体が濁る病気です。白内障になるといずれ視力を失います。

高齢になって起こる病気の代表的なものの1つで、高齢性のほか若いうちになる若年性や遺伝性の白内障もあります。

デグーで知られているのは、糖尿病の合併症として起こる白内障です。デグーの水晶体内の成分が、糖尿病になったときに白内障を起こしやすいためです。デグーは、糖尿病や白内障の研究モデルとしても使われてきました。

○どんな症状?

目が白くなります。最初は部分的に白いところが表れ、進行すると広がっていき、水晶体全体が白くなります。

○どんな治療?

犬では眼内レンズに置き換える手術も行われていますが、デグーでは困難です。

白内障になるといずれ視力を失いますが、デグーは視覚以外にも聴覚、嗅覚、触覚などを使ってうまく暮らしていくことができます。ケージ内の環境は変えないようにしてください。予防としてメニわんEyeプラスなどのアスタキサンチン製品を犬猫やエキゾチックペットに使う場合があります。

○どうやって予防?

老齢性の白内障を予防する方法はありません。遺伝性の白内障がある個体は繁殖に使わないようにします。糖尿病性の白内障を防ぐ方法は「糖尿病」(146ページ)を参照してください。

糖尿病の合併症としてよく知られる白内障

Topics

そのほかの目の病気

目の病気としては結膜炎や角膜炎、角膜潰瘍などもあります。

ケンカで引っかかれて目に傷がついたり、牧草や床材、砂などが目に入り、こすって傷がついたりします。

涙や目やにが多い、粘り気のある涙や目やにが出る、目やにでくっついて目が開かないなどの症状が見られます。

また、オドントーマや歯根部に炎症ができて膿がたまっているときなどには、眼球突出が見られます。眼球突出の原因はほかに、眼球の裏側に脂肪がたまったり、腫瘍ができている、ケンカや落下事故で頭をぶつける、緑内障などで眼圧が高くなっているなどがあります。

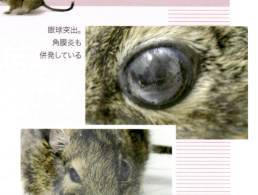

眼球突出。角膜炎も併発している

眼球突出。左右の目の違いがわかる

毛引き／自咬症

●どんな病気?

自分の体の毛をかじったり、引き抜く「毛引き」、自分の体をかじる「自咬症」などの問題行動が見られることがあります。

多くの場合、ストレスが原因になっています。自分の口が届くところならどこでもかじりますが、前足やしっぽによく見られます。ひどくなると出血したり、しっぽが短くなるほどかじってしまうことがあります。

ケガをしていたり、なにかの治療で薬を塗っているなどで違和感がある場合も、毛引きや自咬症のきっかけとなります。

多頭飼育している場合には、ほかのデグーの毛をかじったり抜いたりすることもあります。頭部や目の周り、首筋に見られることが多いようです。

●どんな症状?

毛引きでは、毛が短く切れていたり、皮膚があらわになっています。自咬症では皮膚をかじり、出血しています。いずれも、同じ場所を執拗に毛づくろいしているときは注意が必要です。

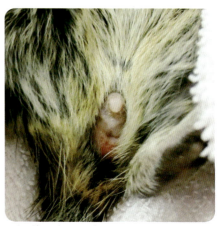

デグーが自分で自分の体を傷つけてしまった

●どんな治療?

ストレスがあるなら、環境を適切なものに改善します。

傷があるときは、患部を清潔にし、感染を防ぐために抗生物質などを投与します。状況によっては精神安定剤を投与します。

患部をかじらないようエリザベス・カラーをつける方法もありますが、かえってストレスになりますし、ケージレイアウトが複雑になっていることの多いデグーには危険なこともあります。

退屈しない環境を作ったり、一緒に遊んであげるなどの方法で、かじることから気をそらせるようにしましょう。

●どうやって予防?

ケージが狭くないか、退屈していないか、運動不足ではないか、同居デグーとの相性が悪くないかなどの点を見直しましょう。

ケガの治療後に自咬をしないよう、よく様子を見てあげましょう。

熱中症／低体温症

●どんな病気?

デグーのような恒温動物は、周囲の温度が寒くても暑くても、自力で体温を調整することができます。生き物がもつホメオスタシス(恒常性)の1つです。

大きな耳には毛細血管がたくさんあり、暑いときには体熱を放散する働きをします。暑いとダラっと体を伸ばしていることがありますが、できるだけ体表面を広げることで、体熱を逃がしています(人のような汗はかきません)。

また、寒いときには体をできるだけ丸めて体表面を小さくして、体熱を逃さないようにしたり、体を震わせて熱を作ったりします。

ところが、体温調節能力を超えた暑さや寒さになると、体温が上がり過ぎたり下がり過ぎたりしてしまいます。

〈熱中症〉

温度や湿度が高く、風通しの悪い密閉状態で起こります。日が当たらない場所でも、熱中症は起こります。暑いなかで飲み水を切らしていることも熱中症の原因になります。外出時など、車の中に置きっぱなしにしないようにしましょう。

制御できないほど体温が上がり、意識障害を起こします。

肥満のデグー、子どもや高齢、妊娠中のデグーは熱中症を起こすリスクが高くなります。

Topics

斜頸

斜頸とは、頭部が傾く神経症状のことで、斜頸が進行すると、傾きを軸に体が回転することもあります。

神経症状には斜頸のほかにも眼振(眼球が左右や上下に揺れる、回転する)、ローリング(バランスがとれずに転がる)、けいれん、麻痺などがあります。

斜頸の原因の1つには中耳炎、内耳炎などの感染症があります。感染が耳の奥にある平衡をつかさどる器官にまで広がることによって斜頸になります。そのほかには、頭蓋内の病気、落下事故などで頭を強く打つことも斜頸などの神経症状を起こす原因になります。

《低体温症》

とても寒かったり、急激に温度が下がったとき、体が濡れているときなどに起こります。体温を維持することができなくなり、命に関わるほど体温が低下してしまいます。

体温調節機能が未発達な幼いデグーや、機能が衰える高齢デグーでは特に注意が必要です。

栄養状態が悪いときにも低体温症を起こしやすくなります。デグーでは、糖尿病のリスクを考えて糖質制限をしているケースが多いですが、糖質はエネルギー源となる非常に大切な栄養素です。

なお、デグーは冬眠しません。

● どんな症状?

《熱中症》

耳が赤くなり、呼吸が荒くなります。よだれが多くなります（体を舐めて濡らし、蒸発するときの気化熱で体熱を放散させようとするため）。ぐったりし、症状が進行するとけいれんし、昏睡状態になって死に至ります。

《低体温症》

手足や体が冷たくなります。動きが鈍くなったり、ふるえたりします。心拍がゆっくりになります。進行すると意識を失います。

● どんな治療?

《熱中症》

体を冷やして体温を適正温度に下げます。脱水状態のときは補液をします。

《低体温症》

ゆっくりと体を温め、体温を上昇させます。必要に応じて温めた補液をすることもあります。

Topics

応急手当：熱中症

「ぐったりしている」という症状は多くの病気で見られるので、熱中症かどうかの見きわめが必要になります。室温が30℃以上あったり、風通しの悪い密閉状態の室内で飼育していて、耳が赤くなっているなら熱中症の可能性があるので、体を冷やして体温を下げます。

体温が下がり過ぎるのも問題なので、急激に下がるような方法は取らないようにしてください。暑い部屋から涼しい部屋に移動させましょう。

水で絞った濡れタオルをビニール袋に入れたもので体を包みます。氷水のような冷た過ぎる水は避け、体を直接濡らさないようにしてください。太い血管が通っている鼠径部や脇の下を冷やすとよいといわれます。

デグーが自分で飲むことができるなら、水やイオン飲料（人の赤ちゃん用など）を飲ませます。強制的に飲ませると誤嚥のおそれがあるので、うまく飲めないようなときは口を湿らせる程度にしましょう。

ぐったりして意識もないようだったら、冷やしながら動物病院へ行ってください。

回復しても、補液が必要なこともあります。念のため診察を受けると安心です。

Topics

応急手当：低体温症

体が冷え、ぼんやりしているような様子があるときは、低体温症を起こしかけている可能性があります。

室温を上げたり、ケージ内にペットヒーターを入れるなどして温かな環境にしてあげてください。ただし、ペットヒーターに直接乗せたり、ストーブの前に近づけるなど、高温にさらすようなことはしないでください。たとえば、ペットヒーターの上にフリースを厚く敷いたプラケースを置き、その中にデグーを寝かせるようにするなど、じんわりと温めるようにしましょう。

○どうやって予防？
〈熱中症〉〈低体温症〉

適切な温度を保って飼育しましょう。デグーの適温は、資料にもよりますが20～24℃くらいとされています。

春や秋は、過ごしやすい温度の日も多い反面、温度変化の大きい時期で、急に暑くなったり急に寒くなるので注意が必要です。

また、「熱中症は夏の病気」「低体温症は冬の病気」とは限りません。冷暖房の使い方など状況によっては夏に冷やし過ぎて低体温症、冬に暖め過ぎて熱中症のリスクもあります。デグーのいる場所の温度をいつも確かめ、デグーが快適な場所を自分で選べるようなケージレイアウトを考えるとよいでしょう。

肥満や糖質の摂取不足もよくありません。栄養バランスのよい食事を与えましょう。

肥満

○どんな病気？

肥満は病気ではありませんが、過度に太り過ぎていると、さまざまなリスクがあります。

〈肥満のリスク〉

* 毛づくろいがしにくくなるので、毛並みが悪くなったり、皮膚疾患になりやすくなる。陰部が汚れる。
* 皮下脂肪が多過ぎて体熱が放散されにくくなるので熱中症になりやすい。
* 厚い皮下脂肪によって、皮下のしこりなどに気づきにくくなる。
* 糖尿病、脂肪肝、高脂血症、心臓疾患などを起こすリスクが高まる。
* 免疫力が低下する。
* 体重を支える関節への負担、足の裏への負担。
* 麻酔から覚めにくいなど、麻酔のリスクが高まるので、治療の選択肢が狭まる。

〈肥満の原因〉

摂取しているエネルギーが消費するエネルギーよりも多いと、余ったエネルギーが体に蓄積して肥満になります。

飼育下では、食べるものを探して動きまわらなくても食事ができますし、いくら広い場所で遊ばせても野生下での運動量には及びませんから、むやみに高カロリーな食事を与えていると肥満になってしまいます。

デグーは完全な草食動物ですが、「デグーマウス」という誤った名称で販売されていることもあり、ハムスターなど雑食傾向の動物の食事が与えられているケースがあります。こうしたことも肥満の一因かもしれません。

太り過ぎはよくありませんが、痩せ過ぎもよく

ありません。理想的なのはがっちりとした肉づきのよい体格です。適切な食事を与え、できるだけ体を動かす機会を作り、デグーがよい体格を維持できるようにしましょう。

《肥満ではないケース》

なお、太り過ぎだと思っていたら実は違う原因があったということがあります。メスなら妊娠の可能性です。単独飼育している場合でも、ペットショップでオスと一緒に飼われていたとすれば起こりえることです。また、ガス、腹水、胸水がたまっていることもあるので、全体的に太ったのではなく、お腹だけが太ったように思えるときは、動物病院で診てもらうことをおすすめします。

《肥満の見きわめ》

人でも身長が違えば体重も異なります。デグーにも体の大きさに差がありますから、体重の数値だけで肥満かどうかの判断はできません。体つきをよく観察してみましょう。

＊ 背中を触っても皮下脂肪が邪魔して背骨のゴツゴツがわからない。

＊ 顎や首まわり、前足の付け根にたっぷりと肉がつく。

＊ 胸部や腹部に肉がつく。

《デグーのダイエット》

食事内容を見直しましょう。ただし、いきなり量を減らすような方法はとらないでください。

糖質や脂肪分の多い食べ物を与えているならそれを控えます。ペレットをたくさん与えているなら少しずつ減らしていきます。そしてその代わりに、チモシーのようなイネ科の牧草を十分に与えましょう。より低タンパク、低糖質なペレットに切り替える方法もあります。

運動の機会を増やしましょう。回し車は簡単に取り入れられる運動方法です。また、体を動かさないと行かれない場所に食器を置いたり、あちこちに食べ物を隠したりするのもよい方法です。その場合でも、牧草だけは常に簡単に食べられるようにしておきましょう。また、部屋で遊ばせるときには、離れたところからデグーを呼び、来たら好物を与えるといった方法もあるでしょう。

急激な減量は禁物です。体格や体重、便の状態などをチェックしながら、時間をかけて行いましょう。

なお、病気をもっていたり、高齢のデグーの場合、肥満でもダイエットをさせないほうがよいこともあります。獣医師と相談しましょう。

●どうやって予防?

適切な食事と運動を提供します。高カロリーなおやつを与えるのは悪いことではありませんが、量や質に注意します。

Topics

ビタミンC欠乏症

ビタミンCを体内で作れない動物がビタミンC不足になると起こる病気にビタミンC欠乏症(壊血症)があります。ビタミンCを体内で作れないことがはっきりとわかっているモルモットではビタミンCが欠乏すると、食欲不振や関節が腫れて足を引きずるなどの症状が見られます。

なお、デグーについては、ビタミンC欠乏症の心配をしなくてもよいのではないかと考えられます(ビタミンCについては、59ページ参照)。

Topics

検疫期間

すでにデグーを飼っていて、新しくデグーを迎えるときには「検疫期間」を設けましょう。新しくやってきたデグーが感染性の病気をもっていないかを確かめるための期間です。特別なことをするわけではありません。2週間くらいの間、新しく来たデグーを新たな住まいに慣らしつつ、すでにいるデグーとは接触させないように飼育をします。

新しく来たデグーの健康状態に問題がなさそうなら、検疫期間は終了です。同居させる予定があるなら、その手順を始めてください(98ページ参照)。

Topics

保定

動物病院で診察のときに行われる持ち方は「保定」と呼ばれます。家庭での抱き方とは異なり、首のうしろの皮膚をつかむようにすることもあるので、かわいそうに思ってしまうかもしれません。しかし、デグーに負担がかかることはほぼありませんし、暴れて治療に支障をきたしたり、動いたためにケガをさせてしまうことを避けられる方法です。写真のようにタオルを用いた保定も行います。この方法は、家庭でもやってみることができるでしょう。

家庭でも、投薬や強制給餌のときに、タオルで体を優しく包むとよいでしょう

動物病院でのタオルを用いた保定。これだと人の手を怖がらせることが少ない

人と動物の共通感染症

人と動物の共通感染症ってどんなもの？

人と動物との間で相互に感染する可能性のある感染症を、人と動物の共通感染症といいます。動物由来感染症、人畜共通感染症、ズーノーシスという呼び方もあります。WHO（世界保健機関）は「脊椎動物と人の間で自然に移行するすべての病気または感染」と定義しています。病原体には、ウィルス、原虫、細菌、真菌、寄生虫などがあります。鳥インフルエンザ、狂犬病、ペスト、SARS（重症急性呼吸器症候群）、BSE（牛海綿状脳症）、オウム病、トキソプラズマ症などの病気が有名です。WHOが把握している共通感染症の種類は200以上で、日本では数十種類程度が知られています。

共通感染症は、動物に噛まれる、引っかかれる、排泄物などに触るといったことで感染したり（直接伝播）、ノミなどの寄生虫、汚染された水や土、肉や卵などを介して感染します（間接伝播）。

輸入される動物からの共通感染症を防ぐため、2005年に動物の輸入届出制度が作られ、げっ歯目の海外からの輸入に規制がかかるようになりました。

デグーと共通感染症

デグーでは、野生下でいくつかの共通感染症が知られています。

しかしペットとして飼われているデグーは野生由来ではなく、すべて飼育下で繁殖されたものです。前述の輸入届出制度により、危険な共通感染症をもたないことが証明された個体しか輸入されてきません。

デグーから人への感染の可能性が高い感染症には真菌症があります（151ページ参照）。真菌症に感染しているデグーを触ることで感染する可能性があります。デグーの場合と同じように、免疫力が高ければ発症しませんが、体調が悪いときなどは発症します。

人と動物との間で
お互いに感染する病気があります

人では、丸い形の脱毛があったり、皮膚が赤くなるなどの症状が見られます。痒みがあることもあります。

共通感染症を防ぐには

デグーは大切な家族の一員ですが、人とは違う種類の動物です。常識的な接し方を心がけましょう。節度をもった接し方をしていれば、共通感染症をむやみに恐れることはありません。

なお、デグーに噛まれたら患部を流水でよく洗ってから消毒し、絆創膏などを貼っておきます。雑菌が入って腫れることがありますが、腫れが引かないようなら病院で診察を受けてください。

デグーに噛まれて感染する共通感染症は、現時点では報告されていません。

Point
共通感染症を防ぐためのチェックポイント

- □ 衛生的なペットショップから健康なデグーを購入しましょう
- □ 世話をしたり遊んだあとは流水でよく手を洗いましょう
- □ 衛生的な環境を心がけましょう（ケージ内、デグーを遊ばせる室内）
- □ 噛まれたりしないようよく慣らしておきましょう
- □ デグーが病気になったらきちんと治療しましょう
- □ 手に傷があるときは絆創膏を貼って世話をしたり接するようにしましょう
- □ ものを食べながら接したり、食卓で遊ばせたりしないようにしましょう
- □ キスしたり口移しで食べ物をあげたりしないようにしましょう
- □ 自分自身の健康管理にも注意しましょう。免疫力が下がっていると病気に感染しやすくなります

清潔を保つなど常識的な接し方を心がけ、デグーの病気には早く対処しましょう

アレルギーについて

動物の被毛やフケ、唾液、尿などは、人のアレルギーの一因です。動物アレルギーは、動物を手放す理由の大きなものでもあるので、購入前にアレルギーの検査をしておくのが理想です。

しかし、マウス、ラット、モルモット、ウサギなどの検査項目はあってもデグーの項目はありません。そのため、事前にアレルギー検査をしておくことは不可能です。

なにかのアレルギーをもっていたり、アトピー性疾患があるなど、アレルギーを起こす可能性がある方は、飼い始めてから自身の症状に十分に注意を払ってください。

過去に発症したことがなくても、飼い始めてから鼻水やクシャミ、目がむずむずするなどの症状が出るようになったら、専門病院で診察を受けることをおすすめします。

《世話をするときの注意点》

デグーアレルギーの可能性があるときは、世話をしたり遊ぶときには十分に注意をしてください。

* マスクや手袋、ゴーグルをして世話をする
* 世話のあとはよく手を洗い、うがいをする
* 接するとき専用の服を用意する
* デグーのいる部屋と人の生活空間を分ける
* ケージ内、室内を常に衛生的にする
* 空気清浄機を置く
* 家族などに世話を手伝ってもらう

などの対策方法があります。

ただし、アレルギーは重度になると命にも関わるものです。どうしても飼い続けることが困難なら、責任をもって新しい飼い主探しをすることも必要です。

《牧草アレルギー》

デグーの主食であるイネ科の植物は、アレルギーの原因になることが多く、検査項目にもオオアワガエリ（チモシー）が含まれています。デグーを迎えてからアレルギー症状が出た場合、原因がチモシーという可能性は高いでしょう。

牧草を扱うときにはマスクと手袋をする、大袋から小分けする必要がないようにあらかじめ小さな梱包のものを購入したり、細かい粉をあらかじめふるってある牧草を購入する、産地の違うチモシーに変えてみる、違う種類のイネ科牧草を試してみる、ペレットタイプの牧草も使ってみるなどの対応策があります。

症状が深刻でなければ、工夫次第で飼い続けられます

デグーの看護

Chapter 9 デグーと健康

デグーの看護

　デグーが病気になったときには、家庭での看護も大切になります。病気が早く治るように、あるいはデグーへの負担を少しでも減らすように、よい環境を作りましょう。

安静な環境

　体力を消耗しないよう、適切な温度、湿度、静かな環境を作ってください。かなり調子の悪いときは、薄暗くしたほうが安静にできるでしょう。

　あまりかまわずに静かに寝かせることが原則ですが、よく慣れているデグーなら負担にならない程度に声をかけたりなでてあげるとよいでしょう。ただし、心配のあまり、いつも以上にかまうのは逆効果となるケースもあるので、「安静第一」を心がけてください。

衛生的な環境

　ケガをしているとき、手術などの傷口があるときは、細菌感染しないよう衛生的な環境を作りましょう。

　尿漏れや下痢をしているときは、寝床をこまめに交換して体を冷やさないようにし、皮膚を傷つけないように汚れを拭いてください。

食欲がないとき

　草食動物のデグーにとって、なにも食べない状態が続くのは危険です。通院のストレス、歯を削ったあと、手術後など、食欲が落ちていることがあります。大好物を少しでも食べさせることで、食べる意欲が回復することもあります。

強制給餌

　自力で食べる量が少ないときや、自分から食べないときには、強制給餌が選択肢となります。ただし、腸閉塞があるときなどは危険なので、獣医師と相談してから、行うようにしましょう。市販の草食動物用粉末フードを利用したり、ペレットをふやかしてつぶすこともできます。

　デグーの体をタオルでくるむなど、安定して抱くことのできる姿勢をとり（167ページを参照）、フードポンプ、スポイトやシリンジなどで少しずつ与えます。誤嚥させないよう、少しずつ、時間をかけて食べさせましょう。

《おやつで強制給餌の練習》
　シリンジ類から食べ物を与える練習を日頃からやっておくことをおすすめします。少量の野菜ジュースなどをおやつとしてシリンジから与えてみましょう。

ほかのデグーとの隔離

　感染性の病気のときは、ほかのデグーにも感染することがありますから、治るまでは接触のないようにします。砂浴び容器も別々にしましょう。

　また、飼い主が感染症を媒介することもあるので、世話や遊びは健康な個体から行い、病気の個体の世話をしたあとはよく手を洗いましょう。

　感染症でなくても、多頭飼育の場合は、病気の個体の採食量や排便・排尿の状態

を正確に確認できませんし、静かで落ち着いた環境になりにくいので、分けたほうがよいのですが、なかには仲間と離れることがストレスになることもあるので、デグーの様子をよく観察し、獣医師と相談してください。

薬の与えかた

薬は、規定量を決まった回数、きちんと投与しましょう。少量の無添加の野菜ジュースに混ぜたり、好物のペレットにしみこませるなどの方法があります。どうしても飲ませられないときは動物病院で相談し、経口の薬から注射に変えてもらうケースもあります。

治療方法や薬剤によってはすぐに効果が現れないものもあります。効果が出ないからといって勝手に投薬をやめないでください。種類によっては、少しずつ減らしていかねばならないものもあります。また、規定量以上の薬を飲ませたりしないでください。

薬の効果や回復具合に不安があるときは獣医師に相談してみましょう。サプリメントを与えたいときも、相談しておくと安心です。

スポイト

シリンジ

経過観察

経過を観察して獣医師に伝えましょう。その後の治療方針を考えるのに大切な情報となります。患部の変化、排泄物の状態、体重の変化、食欲、元気のよさなどを記録し、獣医師に伝えましょう。

強制給餌用粉末フードと介護用経口補水液の素

粉末フードの中身

高齢デグーの世話

デグーはいつから高齢？

　個体差やそれまでの飼い方にもよりますが、デグーは5歳くらいを過ぎると老化が始まると考えてよいでしょう。

　高齢になってもとても元気な人もいるように、デグーも「高齢になったらすぐに老いて弱ってしまう」というわけではありません。健康で活発なのに、それを抑えるような暮らしをさせる必要はありません。ただし、徐々に身体機能が衰えていくのも事実です。

　日々の様子や健康状態をよく観察しながら、それぞれのデグーに応じたシニアライフを過ごせるようにしてあげましょう。そしてできるだけおだやかに、デグーが長生きできるようサポートしましょう。

老化による体の変化

　一般に、老化によって起こる体の変化には以下のようなものがあります。こうした変化が見られる時期にも個体差があるでしょう。

* 聴覚、嗅覚、視覚などの五感が衰えてきます。
* 歯が弱くなってきます。硬い牧草が食べにくくなったりします。
* 免疫力が衰えてくるので、病気になりやすくなります。
* 体温調整など恒常性を維持しにくくなり、熱中症や低体温症になりやすくなります。
* 老化の初期には、運動量が減って太りやすくなったりします。
* 老化が進むと筋肉量が減って痩せていきます。
* 運動能力が衰えてくるので、活発さがなくなってきます。

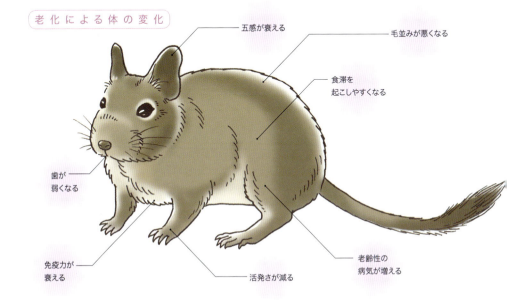

老化による体の変化
- 五感が衰える
- 毛並みが悪くなる
- 食滞を起こしやすくなる
- 歯が弱くなる
- 免疫力が衰える
- 活発さが減る
- 老齢性の病気が増える

＊体が動かしにくくなったり痛みのため、毛づくろいができにくくなって毛並みが悪くなります。
＊被毛が作られにくくなるため、薄毛になってきます。
＊老化すると起こりやすくなる病気が増えます。老齢性の白内障、腫瘍、関節炎、肺炎、心疾患など。
＊消化管の機能が衰えてくるので、食滞などを起こしやすくなります。

環境の急変を避ける

　高齢になると気温の急変に耐えられなくなってくるので、温度管理にはより注意が必要です。快適な環境を作りましょう。ケージ内に暖かい場所と涼しい場所を作り、好きな場所にいられるようにしていても、動くのがおっくうになって移動しなくなることもあるので注意しましょう。

　また、次項のようにケージ内のレイアウトを見直すこともありますが、急にレイアウトを大きく変えるのはよくありません。住まいを変える際には少しずつ行いましょう。

ケージ内の安全対策

　ケージ内のレイアウトに関しては、デグーの運動能力の衰えを頭に入れつつ、できること、できないことを飼い主が見きわめる必要があります。若いうちからロフトやステージからの落下事故を防ぐようなレイアウトにしておくべきですが、老化が見られたらなおさら注意が必要です。とはいえ、運動の機会を奪うようなバリアフリー化を早期に行い過ぎるのにも問題があります。

　安全なことを前提として、心疾患などの問題がないなら、なるべく体を動かし、筋肉の衰えを防ぐことはとても大切だからです。

　日々の様子をよく観察し、「この段差は危なそうだから低くしよう」など、きめ細かな安全対策を行いましょう。

よっこらせ

Point
高齢デグーの世話のポイント

☐ 老化が始まるのは5歳くらいから
☐ 老い方には個体差があることを理解しよう
☐ 老化による体の変化を知ろう
☐ 気温の急変を避けよう
☐ ケージレイアウトの急変を避けよう
☐ 安全対策はとても大切
　でも運動の機会を奪わないで
☐ 状況に応じた食事内容の見直しを
☐ 食事内容の急変を避ける
☐ 水が飲めているか給水ボトルの位置を確認
☐ 日々の健康チェック。病気になっても諦めないで
☐ 多頭飼育から独居になったデグーのケアも大切

食事の見直しは状況に応じて

　食事内容を変更するかどうかも、個体差が大きいものです。前と変わらない食事を食べていて健康であるなら、無理に変える必要はありません。

　同じものを食べていても太ってくるなら、ペレットを減らして牧草を増やすなどの対応をしますし、痩せてきたら、必要に応じてペレットを増やしたり、高タンパクなペレットを与えるなどの対策も必要になってきます。また、歯が悪くなってきたり、なにかの病気で食べにくいようなら、柔らかい牧草を与えたり、ペレットをふやかして与えたり、必要なら強制給餌を行いましょう。

　食欲が低下しがちになるので、好物を与える頻度を少し増やしてもよいかもしれません。食べることに前向きになってもらうのは、大切なことです。

　飲み水をきちんと飲めているか、飲みやすい位置に給水ボトルがついているかも確認しましょう。

　なお、ペレットや牧草を新しいものに変えるなど、食事内容の大きな変化はストレスでもあるので、見直しを行う際は徐々にやっていきましょう。

大切な健康管理

　毎日の健康チェックは、若いときと同じように大切です。ストレス、寒暖の差など、以前は平気だったことが体調を崩す原因になったりします。

　高齢になってから病気になると、「もう年だからしょうがない」と諦めてしまうこともありますが、治る病気もありますし、暮らしの質を高める治療をすることが可能な場合もあります。諦めずにかかりつけの病院の先生に相談してみましょう。

多頭飼育で残されたとき

　高齢期に限りませんが、多頭飼育をしていて、1匹が先に死んでしまい、1匹だけが残されるケースがあります。

　デグーは一緒に暮らす仲間ととても仲が良いことが多く、取り残されると非常にがっくりするのではないかと想像できます。そうなったときにはぜひ飼い主がよく声をかけ、寂しい思いをさせないようにしてほしいと思います。

デグーの病気　早見表

- この表には代表的な症状と病名を挙げています。
- ここに載っている症状や病気がすべてではありません。
  デグーの具合が悪いと思ったときは自己判断せず、動物病院で診察を受けてください。

歯の病気

症状	病名	掲載ページ
● ものを食べない、よだれを出す、口を気にする、よだれを拭くので前足が汚れる　など	切歯の不正咬合 臼歯の不正咬合	p143 p144
● クシャミや鼻水、口呼吸、鼻を気にする　など	オドントーマ	p145
● 目の下が腫れる、目が飛び出して見える、頬や顎が腫れる　など	歯根膿瘍	p144

内分泌の病気

症状	病名	掲載ページ
● 水を飲む量が増える、尿の量が増える、痩せてくる、毛が抜ける　など	糖尿病	p146

呼吸器の病気

症状	病名	掲載ページ
● 鼻水、クシャミ、鼻を気にする、鼻水を拭うので前足が汚れる　など	鼻炎	p148
● 早くて荒い呼吸、運動後に呼吸が戻りにくい　など	肺炎	p148
	心臓の病気	p148

皮膚の病気

症状	病名	掲載ページ
● 脱毛、皮膚の黒ずみ、痒み　など	脱毛症	p150
● 脱毛、薄毛、フケ　など	真菌症	p151
● 足の裏の腫れ、潰瘍、出血、痛みで足を引きずる　など	足底皮膚炎	p152
● 痒み、脱毛、黒い耳垢　など	外部寄生虫	p152

消化器の病気

症状	病名	掲載ページ
● 便が小さくなる、量が減る、ガスでお腹がふくれる　など	食滞	p153
● 軟便、下痢便、水のような便　など	下痢	p154
● 便が出ない、小さくなる、量が少ない、排泄に時間がかかる　など	便秘	p155

早く症状に気づいて—

外傷

症状	病名	掲載ページ
● 尾が抜ける、尾が切れる	しっぽのケガ（尾抜け、尾切れ）	p156
● 皮膚に傷や出血がある、腫れる　など	噛み傷、引っかき傷	p157
● 手足を浮かせて歩く、引きずる、じっとしている　など	骨折	p158
	筋骨格の病気	p156

生殖器の病気

症状	病名	掲載ページ
● ペニスが出たままになっている、赤黒くなっている　など	ペニス脱	p159

（陰部からの滲出物、陰部からの出血、お腹がふくれるといった症状がメスにあるときは、メスの生殖器疾患の可能性があります）

目の病気

症状	病名	掲載ページ
● 目が白くなる　など	白内障	p161
● 涙や目やにが多い、目が閉じ気味（しょぼしょぼしている感じ）、粘り気のある涙や目やに　など	結膜炎、角膜炎、角膜潰瘍	p162
● 眼球が突出する	オドントーマ	p162
	歯根膿瘍	p144
	腫瘍	p162

全身の病気

症状	病名	掲載ページ
● しこりや腫れ物がある　など	腫瘍	p160
● 頭部が傾く、眼振、ローリング　など	斜頸	p163
● 耳が赤くなる、呼吸が荒くなる、よだれが増える、ぐったりする　など	熱中症	p163
● 手足や体が冷たくなる、動きが鈍くなる、ふるえる　など	低体温症	p163

そのほかの病気

症状	病名	掲載ページ
● 毛が切れている、皮膚をかじる　など	毛引き、自咬症	p162

いつかはおとずれる
デグーとのお別れ

　デグーとのお別れの日は、悲しいことですがいつか必ずやってきます。そのときがきたら、私たちを幸せにしてくれた彼らに「ありがとう」と感謝しながら送り出してほしいと思います。

　もしできれば、未来のデグーたちのために、どんな経過だったのかをかかりつけの先生に報告してほしいと思います。受け入れることができるなら、原因をしっかりと調べてもらうこともできるでしょう。そのデータはとても貴重なものになります。

　こうすればよかった、という後悔があるなら、それを飼い主の皆さんに伝えてください。それが、次のデグーの命を救うこともあります。

　亡くなったデグーとのお別れの方法は、飼い主が納得できるものを選んでください。自宅の庭でしたら、深く埋めてお墓を作ることができます（公園や山林などに埋葬するのは違法です）。在住の自治体で引き取りをしている場合もあります。ほかの廃棄物と一緒に焼却するなど、自治体によって異なるので確認してください。

　ペット霊園を使う方も増えています。個別火葬・個別埋葬、合同火葬・合同埋葬など形式はさまざまです。お骨も、納骨せず持ち帰って自宅で供養する方法もあります。デグーが亡くなって落ち着かないときに調べるよりも、余裕のあるときに調べておいたほうがよいかもしれません（人では、生前にお墓を立てておくと長生きするともいわれますから、生きているうちに調べるのは不吉なことではないと思います）。

　愛するペットを失えば誰もが喪失感を味わいます（それをペットロスといいます）。悲しみの深さは人それぞれです。いつまでも涙が乾かないのは決しておかしなことではありません。気持ちのままに悲しみ、そしていつか、笑顔でデグーとの日々を思い出せるようになってください。

PERFECT PET OWNER'S GUIDES

Chapter 10

もっと
デグー

PERFECT PET OWNER'S GUIDES

デグーが人と関わるようになって

Chapter 10
もっと
デグー

野生のデグーに発信器をつけて、その生態や行動を探る研究が行われている
©Chuong Le

デグーと人々との出会い

デグーが人々に知られるようになったのは1782年、チリ出身の神父にして博物学者であったフアン・イグナシオ・モリーナがその著書に*Octodon degus*として記載したことにはじまります。

欧米に知られるようになるのは20世紀半ばになってからです。1964年、チリで捕獲された20匹のデグーがアメリカのマサチューセッツ工科大学に送られたのが最初といいます（1950年代ともいわれます）。

その後、それらのデグーの子孫を動物園が手に入れたことから、デグーのペットとしての歴史もスタートすることになったようです。

日本でも知名度が上がっているデグー

　ところで、デグーと同じような経緯でペットになった動物にゴールデンハムスターがいます。1930年にシリアで捕獲された1匹の母親と12匹の子どもたちが研究者によって国外に持ちだされ、その子孫が世界中に広がりました。つまり世界中でペットとして飼われているゴールデンハムスターは皆、遠い親戚だといわれています。

　デグーの場合はどうでしょう。おそらく、シリアよりはアクセスしやすい地域の動物だということを考えると、ゴールデンハムスターとは事情が違うのではないかと想像されます。

研究対象としてのデグー

　デグーはさまざまな研究に用いられています。南米から欧米に持ち込まれた目的も生理学、医学、行動学の研究のために使うことが目的でした。

　具体的には糖尿病や白内障、概日リズムや時差、アルツハイマー病の研究などが知られています。また、道具を使うことができることから（112ページ参照）、複雑な脳の認知機能の研究にも使われています。

　デグーの研究は、野生のフィールドでも行われています。1章でも紹介している野生下での生活環境の写真は、デグーの研究者によって撮影されたもので、調査をする際には写真のように発信機をデグーに取り付けることもあります。

ペットとしてのデグー

　デグーは、まず欧米でペットとして迎えられるようになりました。そのはっきりした時期はわかりません。2011年に発刊されたアメリカのエキゾチックペット雑誌では「最も新しいエキゾチックペットの1つ」として紹介されていますが、カラーバリエーション（ブルー）が登場したのが1990年代後半ということから考えて、1980年代にはペットとしての飼育が始まっていたのではないかと想像されます。

　日本でペットとして飼われるようになった時期もはっきりとしませんが、1990年代後半から飼育されるようになり、そして2000年代半ばくらいから、ぐっと飼育者が増えたのではないでしょうか。検索数などから推測すると、2012年頃から急速に知られるようになったようです。これは、テレビドラマにデグーが登場した影響もあると思われます。

海外ではデグーファンは多く、飼育書もたくさん出版されている

デグーと防災

Chapter 10 もっとデグー

デグーは家族の一員です。災害時でも、守ってあげられる対策を考えておきましょう

災害の多い国で
デグーを飼うということ

　日本は自然災害の多い国です。2011年3月11日の東日本大震災以降だけを見ても震度5強以上の地震は何度も起きており、2015年4月には地震調査委員会により「関東地方を中心とする地域で今後30年以内にマグニチュード6.8以上の地震が起こる確率は50〜60％と推測される」と発表されています。台風は毎年、上陸していますし、豪雨や豪雪、噴火などの自然災害は今後も起こるだろうと考えられます。

　日本に住んでいる以上、自然災害はひとごとではなく、場合によっては避難を余儀なくされることがあるかもしれません。そのときのために準備をしておきましょう。

　2018年に環境省から「人とペットの災害対策ガイドライン」が発表されました。これに沿って各自治体が防災計画をたてることになっており、ペットの同行避難もうたわれていますが、現実的には犬猫が主な対象です。デグーなどのエキゾチックペットにも手が差し伸べられる日を願いつつも、実際には飼い主がデグーを守らなくてはならないのだと考えてください。

1. 居住地の防災計画を知る&
　自分たちの身を守る

　地域によって起こりやすい自然災害は異なりますから、まずそれを知りましょう。自治体のホームページなどで、居住地のハザードマップ（自然災害の被害範囲を予測した地図）や地域防災計画を見たり、広域避難場所や避難所を確認しておいてください。

　また、まずは人のための避難グッズを用意し、家具の転倒防止などの防災対策を行いましょう。万が一のときに家族がどう行動するか、別々に避難した際の集合場所などを決めておきます。

2. デグーを連れた避難を
　想定してみる

　避難所、車の中、知人の家など、自宅

Topics

避難グッズの一例

　移動用キャリー、フード類（犬猫でも1週間分といわれている）や好物、飲み水（飲ませるための給水ボトルも）などのほか、ペットシーツ、ビニール袋、新聞紙、ウェットティッシュ、フリースなど。投薬中の薬、動物病院の連絡先・診察券、飼育日記もすぐに持ち出せるようにしておく。持ち物に余裕があるなら小型ケージなど。

ではない場所にデグーを連れていき、最低限の生活をさせられる準備を考えてください。

　大きなケージは持っていけないのでキャリーケースの中で長い時間を過ごす可能性もあります。自家用車で移動できたり、折りたたみ式のものがあれば、小型ケージを用意することもできるかもしれません。

　場合によっては短期間、ラビットフードなどいつもと違う食べ物を与えることもあるかもしれません。日頃からいろいろな種類の野菜を与えるなどして、見知らぬ食べ物を受け入れられるようにしておくのはよいことです。

　避難しなくてはならない理由がきちんと理解できる人間にとっても、避難時のストレスは大きいものです。デグーが感じる不安やストレスは、とても大きなものだと考えられます。飼い主が一緒にいることで少しでも不安を解消できるよう、日頃からコミュニケーションを十分にとっておきましょう。

3. 食べるものの備蓄

　ドッグフードやキャットフードは数日たてば避難所に支給されるでしょう。しかしデグーフードが支給されることはないといいきれそうです。ご飯やパンなど、人の食べ物を安易に分けてあげるわけにもいかないので、最低限、デグーのフード類は持ち出せるように用意しておきましょう。

　また、避難しなくてよいとしても、大きな災害があったときには物流が乱れ、必要なものを容易に入手できないかもしれません。「フードがなくなったから通販で頼めば明日には来る」というわけにいかなくなります。日頃からフードや飼育グッズは在庫がまったくなくなる前に、余裕をもって購入するようにしましょう。

Topics

同行避難

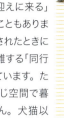

　避難時に「あとで迎えに来る」と思っても不可能なこともあります。避難を余儀なくされたときにはペットと一緒に避難する「同行避難」が原則になっています。ただし避難所で人と同じ空間で暮らせるとは限りません。犬猫以外の小動物は避難所で受け入れてもらえない可能性もあるので、いざというときのために預かり先を確保しておくことも防災対策の1つといえます。

Point

デグーの防災・チェックポイント

☐ 居住地で起こりえる自然災害と
　自治体の対策を確認する

☐ 人の防災対策
　（自分を守れなければデグーも守れません）

☐ ケージ対策
　（置き場所は安全ですか、
　転倒防止チェーンなどは設置してありますか）

☐ フード類の備蓄
　（避難しない場合にも必要）

☐ 避難グッズの準備

☐ 避難シミュレーションをしておく

☐ 万が一のときの預かり先を考えておく

備えあれば
…だよ！

デグーの防災を考える座談会レポート!!

デグーを飼う皆さんは、災害時や緊急時のトラブルについて協力して備えよう、という動きがとても活発です。各地でつながり合うネットワークが立ち上がっているなか、その1つである「デグー防災ネットワーク首都圏」の皆さんと『デグーと防災』について座談会を行いました。

座談会参加者──飼育中のデグー

劔持雅子さん──オス1匹、メス1匹。まもなくメス1匹が増える予定

川村良子さん──オス1匹、母娘のメス3匹。メス3匹が同居中

一 春奈さん──姉妹2匹を飼育中。糖尿病のオス1匹飼育経験あり

與澤理絵さん──オス2匹、メス2匹。繁殖経験あり

司会進行──編集部

緊急時にどう備えるか?!

ネットワーク結成のきっかけ

編── デグー防災ネットワーク首都圏が結成されたきっかけを教えてください。もともとお知り合いだったのですか?

劔── 当時はデグーの輪が少なくて、ブログをお互いに行き来していたんです。2011年3月11日の東日本大震災をきっかけにして、愛知でデグー防災ネットワークが立ち上がり、そのあと首都圏でも立ち上げたのです。

編── 東日本大震災のときはどんな感じだったのですか。

與── 私の住んでいる地域は被災地の南限あたりでしたが、11日間断水、停電が3日半ありました。幸い天気がよかったので、電気がなくても大丈夫だったんですが、真夏だったら、また事情が違ったと思います。地域や季節によって困る点が違うと思います。地震の翌日から給水車は動きだしてはいたのですが、来ない。アナウンス自体はあるのですが、道路の状態が悪くて到着できないということで、4時間待ちました。3日目からは、やっと時間通りに来るようになりました。

編── デグーの様子はどうでしたか?

與── デグーはルンルンでした(笑)。夜中も震度4くらいの地震が何回も起きていて、私自身、すごく怖かったんですけど、デグーは全然気にしていなくて。真っ暗な中、ピヨピヨ言いながら回し車を回していて、ご機嫌でした。懐中電灯で照らすと、ポーズとったり、毛づくろいしていたりして、励まされました。

劔── うちは揺れには無頓着ですね。

── 揺れには無頓着なんですけど、食器棚が揺れる音などには反応します。

編── 地元の避難所の同行避難について心配なことはありますか?

川── 災害のときに、小さいキャリーに入れて避難して、そのまま避難所行きになったらどうしよう、と不安になります。

── 姿がネズミだから、絶対嫌われるでしょうし…。

劔── 茶色だし。地味だし。どうすればよいのか(笑)。国のガイドラインでは同行がOKになっているのですが、それがどこまで周知さ

避難訓練の日に準備したもの。
ペットシーツ、ペーパータオル、ペレット(3袋)、乾燥野菜、水、予備用のプラスチックケース、ゴミ袋、牧草代わりの固形チモシー、アルカリ水スプレー、ウェットティッシュ

避難用のケージに入ったデグーたち。
慣れないケージに落ち着かない様子

れているのか心配です。自分の行く避難所が受け入れてくれるのか。周囲の人が受け入れてくれるのか、分からないなと思います。

川── 正直、難しいと思っています。ネズミに抵抗感がある人はいるでしょう。でも、お願いします、と頼み込むしかないか、と。

── 考えているのは、一旦避難しても、基本、自宅待機ですね。

いざというときの避難はどうするか

編── 避難に備えていることはありますか?

── 私は病院に行くときに、何分でキャリーに入れて、何分で家を出られるのか計っています。キャリーを置けば入ってくれるので、早く出られます。

籾── うちもです。人の手を伝わないと外に出られないと刷り込んでいるので、とりあえず出てきます。

與── うちの場合、3匹はすぐに捕まえられるのですが、1匹はとても怖がりで……。手には乗るのですが、捕まえようとすると回し車の下に入って、イヤイヤという感じになる。そういうときは、空っぽの砂浴びのビンを使います。

ビンを覚えているので、「お風呂だ!」と飛んできます。

籾── 何が好きかというのを把握しておくことが大事ですね。

與── 慣れている子はいいのですが、慣れない子もいますからね。

編── キャリーは小動物用のものを?

籾── キャリーはハムスター用です。結構大きいですけど。

川── うちもハムスター用ですが、この間、病院の診察室でトンネルを接続する穴を回して脱走しまして……。

── ハムスター用に多いのが、上の金網と下のプラスチックをつなぐ部分がプラスチックのもの。あれはかんじゃいます。ハムスターより熱心に、確実に……。

與── 私は2種類使っています。1つはカブトムシを入れるような大きなプラスチック水槽です。通院のために朝11時から18時くらいまで入れていることもありますが、これだとかじれ

避難する際は、デグーのケージ（キャリー）にカバーをかけておいた

ないです。高さがある程度ないとかじられちゃうのですが……。もう1つが三晃商会のライトキャリー。これは全面、床も網です。網の目が細かいので足も落ちない、どこもかじれないようになっています。また、水槽は給水ボトルを設置できないのですが、全面が網のキャリーでしたら、給水ボトルがつけられます。多少重たいのですが、脱走もできないし、長時間のときはこれだなと思います。ショルダーバッグのように、紐をつけるとよいのかもしれませんね。

つながるネットワークの重要性

編── 実際に皆さんで避難訓練をやっているとお聞きしましたが。

鈴── はい。防災の日（9月1日）に合わせてやっています。年に1回ですが、防災の日にやっておくと、非常食の賞味期限切れなどにも気づくことができます。

編── ひとりでなかなかできないことをみんなでやると、気づくことが多いのでは？

鈴── 想定する災害によっても変わってきます。大震災であれば荷物も多いので時間がかかります。しかし、火災の場合はとにかく早く逃げなければいけない。実際は、火災で逃げるのに10分かかると助からないかもしれないですよね。

與── 火事場の馬鹿力で、ケージまるごと抱えてしまいそうです。

川── いざというときはオスメス一緒で、とにかく逃げるかな。

鈴── ウサギの場合はひょいと抱えて運ぶこともできますが、デグーだとできないんですよね。避難先でも困ります。

またウサギやハムスターだと数日すればエサが届く可能性もありますが、デグー用はこないのではないかと思います。がまんしてウサギ・ハムスター用を食べてもらうとか。

── いつもあげているデグーのエサは保存のきくものばかりじゃないでしょう。ペレットだけあげていればよいわけではないですし。

編── 牧草は大きいから持っていくのは大変でしょう。

鈴── ええ、それに開封したものは難しいでしょう。未開封のものをもって走りますか。

與── 避難訓練のときに気づいたのが、避難するときは自分の荷物もさらに持たなければいけないので、とりあえずペレットだけとなってしまうということ。ウサギをはじめ、牧草を主食にする動物が多いということを世間に知ってもらいたいです。東日本大震災のときは近所でデグーを飼っている方とお互い連絡を取って、牧草やペレットが足りているか確認しました。

鈴── 安心感が違いますよね。わが家が無事でも流通が止まってしまうので、情報の共有はとても重要でしょう。

編── 訓練の実施も含めて、インターネットなどによって、飼い主がつながることは非常に意義のあることだと再認識できました。ありがとうございました。

（座談会実施日　2014年9月11日）

● デグー雑貨コレクション

ここでご紹介する雑貨たちは、「デグー防災ネットワーク首都圏」のみなさんがデグーにこだわって作ったオリジナル・グッズです。愛らしいデグーをいつでも身近に感じることができます

デグー・シルエットの
お散歩バッグ

デグー・シルエットの
エコバック

愛らしい写真で綴った
卓上カレンダー

凝った表紙デザインの
メモ帳たち

めくるとデグーからの
素敵なメッセージが…

大事な書類を掲示できる
マグネットもデグー！

PERFECT PET OWNER'S GUIDES

デグーに会える動物園

Chapter 10
もっと
デグー

埼玉県こども動物自然公園で
展示されているデグー

日本でデグーに会える動物園です。
飼われているデグーとはまた違った表情を見せてくれるでしょう。

※デグーの状態により、展示を中止することがあります。
※デグーがいるすべての動物園を網羅したリストではありません。
※2018年時点の情報です。

埼玉県こども動物自然公園
〒355-0065　埼玉県東松山市岩殿554
電話 ● 0493-35-1234
URL ● http://www.parks.or.jp/sczoo/

市川市動植物園
〒272-0801　千葉県市川市大町284番1
電話 ● 047-338-1960
URL ● http://www.city.ichikawa.lg.jp/zoo/

東山動植物園
〒464-0804　愛知県名古屋市千種区東山元町3-70
電話 ● 052-782-2111
URL ● http://www.higashiyama.city.nagoya.jp

長崎バイオパーク
〒851-3302　長崎県西海市西彼町中山郷2291-1
電話 ● 0959-27-1090
URL ● http://www.biopark.co.jp

参考文献

- 赤羽良仁・髙見義紀(2011)「エキゾチックアニマルの飼育指南 File No.6 デグー」,『エキゾチック診療』3(1), インターズー.
- 赤羽良仁・髙見義紀(2015)「はじめてみる動物診療アプローチ(4) デグー」,『エキゾチック診療』7(1), インターズー.
- 今泉吉典監修・D.W.マクドナルド編(1986)『動物大百科 5 小型草食獣』平凡社.
- 斉藤久美子(2007)『実践うさぎ学―診療の基礎から応用まで』インターズー.
- 時本楠緒子(2002)「動物のおしゃべり解読学10 アンデスの歌うネズミ、デグー」,『日経サイエンス』8月号, 日本経済新聞出版社.
- 時本楠緒子(2008)「齧歯類デグーのコミュニケーション:発声レパートリーと神経機構」, 第4回動物音響談話会.
- 農業・食品産業技術総合研究機構(2010)『日本標準飼料成分表 2009年版』中央畜産会.
- 香川芳子監修(2016)『七訂食品成分表』女子栄養大学出版部.
- 環境省自然環境局動物愛護管理室 "動物の愛護と適切な管理　人と動物の共生をめざして", 〈http://www.env.go.jp/nature/dobutsu/aigo/〉, [2015年5月4日アクセス].
- 環境省自然環境局野生生物課 "外来生物法　特定外来生物による生態系等に係る被害の防止に関する法律", 〈http://www.env.go.jp/nature/intro/index.html〉, [2015年5月4日アクセス].
- 厚生労働省 "動物の輸入届出制度について", 〈http://www.mhlw.go.jp/stf/seisakunitsuite/bunya/0000069864.html〉, [2015年5月4日アクセス].
- 全国公正取引協議会連合会 "全国公正取引協議会連合会", 〈http://www.jfftc.org/index.html〉, [2015年5月13日アクセス].
- 日本自動車連盟 "エコ&セーフティ　JAFユーザーテスト　車内温度　車内温度/春", 〈http://www.jaf.or.jp/eco-safety/safety/usertest/temperature/detail1.htm〉, [2015年5月15日アクセス].
- 理化学研究所(2008)ネズミの一種"デグー"を訓練して道具機能を理解させることに成功", 〈http://www.riken.jp/~/media/riken/pr/press/2008/20080326_1/20080326_1.pdf〉, [2015年4月20日アクセス].
- About.com - Degu, 〈http://exoticpets.about.com/od/degus/〉, [2015年4月12日アクセス].
- "A Degu Field Notebook", 〈http://degustress.blogspot.jp/〉, [2015年4月10日アクセス].
- Adrian G. Palacios, Theresa M. Lee(2013)「Husbandry and Breeding in the Octodon degu (Molina 1782)」,『Cold Spring Harbor Protocols』4.
- Alvaro O. Ardiles, John Ewer ほか (2013)「Octodon degus (Molina 1782): a model in comparative biology and biomedicine」,『Cold Spring Harbor Protocols』4.
- Anne McBride(2014)『Degu - Pet Friendly』Magnet & Steel.
- C.V. Long(2007)「Vocalisations of the degu Octodon degus, a social caviomorph rodent」,『Bioacoustics』16(3).
- C.V. Long(2009)「Pups of the degu (Octodon degus) include ultrasonic frequencies in care-eliciting calls」,『Proceedings of the Institute of Acoustics』31.
- Charles A. Woods, David K. Boraker(1975)「Octodon degus」,『Mammalian Species』67.
- David Küpfer "Degu sounds", 〈http://www.octodons.ch/index.php/degusounds〉, [2014年4月21日アクセス].
- "DEGUTOPIA", 〈http://www.degutopia.co.uk/index.htm〉, [2015年4月29日アクセス].
- Devra G. Kleiman, Valerius Geist, Melissa C. McDade編(2003)『Grzimek's Animal Life Encyclopedia, 2nd ed, Volume 13』Gale Group.
- Don E. Wilson, Deeann M. Reeder編(2005)『Mammal Species of the World: A Taxonomic and Geographic Reference』Johns Hopkins University Press.
- George W. Fulk(1976)「Notes on the Activity, Reproduction, and Social Behavior of Octodon degus」,『Journal of Mammalogy』57.
- I-5 Publishing "Small Animal Channel.com", 〈http://www.smallanimalchannel.com/〉, [2014年6月20日アクセス].
- International Union for Conservation of Nature and Natural Resources "The IUCN Red List of Threatened Species", 〈http://www.iucnredlist.org/〉, [2015年3月10日アクセス].
- Joan Orr(2011) "How to Clicker Train Your Critter", 〈http://www.clickertraining.com/node/3226〉, [2015年5月3日アクセス].
- John Pickrell(2003)"National Geographic News - Urine Vision? How Rodents Communicate With UV Light", 〈http://news.nationalgeographic.com/news/2003/07/0708_030708_ultravioletmammals.html〉, [2015年4月21日アクセス].
- Juan C. Opazo, Mauricio Soto-Gamboa ほか (2004)「Blood glucose concentration in caviomorph rodents」,『Comparative Biochemistry and

- Physiology Part A: Molecular & Integrative Physiology』137.

- Kazuo Okanoya, Naoko Tokimoto ほか (2008)「Tool-Use Training in a Species of Rodent: The Emergence of an Optimal Motor Strategy and Functional Understanding」,『PLoS One』3, 〈http://journals.plos.org/plosone/article?id=10.1371/journal.pone.0001860〉, [2015年4月21日アクセス].

- Krisztina Szabadfi, Cristina Estrada ほか (2015)『Retinal aging in the diurnal Chilean rodent (Octodon degus): histological, ultrastructural and neurochemical alterations of the vertical information processing pathway』, 〈http://www.ncbi.nlm.nih.gov/pmc/articles/PMC4405622/〉, [2015年5月10日アクセス].

- Lafeber Company "LafeberVet", 〈http://lafeber.com/vet/〉, [2014年6月9日アクセス].

- Luis A. Ebensperger, Mari Jose Hurtado(2005)「Seasonal changes in the time budget of degus, Octodon degus」,『Behaviour』142.

- Mark A. Suckow, Karla A. Stevens, Ronald P. Wilson 編(2011)『The Laboratory Rabbit, Guinea Pig, Hamster, and Other Rodents (American College of Laboratory Animal Medicine)[Kindle版]』Academic Press.

- Peter L. Meserve, Robert E. Martin・Jaime Rodriguez(1984)「Comparative Ecology of the Caviomorph Rodent Octodon degus in Two Chilean Mediterranean-type Communities」,『Revista Chilena de Historia Natural』57.

- Robbin L. Melton(2011)「Life with a Degu or Two」,『Critters USA』.

- Robert Jenness, Elmer C. Birneyほか(1980)「Variation of l-gulonolactone oxidase activity in placental mammals」,『Comparative Biochemistry and Physiology Part B: Comparative Biochemistry』67(2).

- Ron E. Banks, Julie M. Sharp ほか (2010)『Exotic Small Mammal Care and Husbandry』Wiley-Blackwell.

- Sharon Lynn Vanderlip(2001)『Degus: A Complete Pet Owner's Manual』Barrons Educational Series Inc.

- Susan Moore(2014)『Degus as Pets A Complete Degu Care Guide: The Must Have Guide for Anyone Passionate about Owning a Degu, Includes Health, Diet, Housing and Lots More…[Kindle版]』Blep Publishing.

- Theresa M. Lee(2004)「Octodon degus:A Diurnal, Social, and Long-lived Rodent」,『ILAR Journal』45(1).

- University of Michigan "Animal Diversity Web", 〈http://animaldiversity.org/〉, [2014年7月7日アクセス].

- Veterinary Business Development "vetsonline", 〈http://www.vetsonline.com/〉, [2015年4月3日アクセス].

- Virginia C. G. Richardson(2003)『Diseases of Small Domestic Rodents』Wiley-Blackwell.

写真提供・撮影・取材ご協力者

(敬称略、順不同)

hina	與澤理絵
panporin	山崎コメ子
あきよし	劔持雅子
クリヤマ	Hiroko
ちーちゃん&オス君飼育者	三田村和紀
高橋朋英・芳枝	清水哲也
ぱずる	清水恵美子
はにぃ	野平奈央
ぶらぼ&まー	鈴木理恵
ゆうな&みお	
ゆりこ	Carolyn Bauer
TSUBAKI	Chuong Le
NCC	L. Michael Romero
溝端宏明(美桜パパ)	
くまぱぱ	イースター株式会社
児玉美鈴	有限会社メディマル
yuka	ハイペット株式会社
小里聖羅(おせい)	株式会社三晃商会
まさおのかいぬし	株式会社川井
森谷幸恵	埼玉県こども動物自然公園
ティムとらら	ドキドキペットくん
川村	デグー防災ネットワーク首都圏
曽我みゆき	ペットショップ ピュア☆アニマル
かばな	ロイヤルチンチラ
打越加奈子	時本楠緒子
たまちゃん	
emiko	
波々伯部	
meg	
MASASHI NOJIRI	
林敬枝	
ビスコ	

❀ ご協力ありがとうございました ❀

PERFECT PET OWNER'S GUIDES

著者プロフィール

著者
大野瑞絵 ……おおの・みずえ

東京生まれ。動物ライターで。「動物をちゃんと飼う、ちゃんと飼えば動物は幸せ、動物が幸せになってはじめて飼い主さんも幸せ」をモットーに活動中。著書に『ザ・ウサギ』『よくわかるウサギの健康と病気』『小動物 飼い方上手になれる！ リス』（以上小社刊）、『うさぎと仲よく暮らす本』（新星出版社刊）など。1級愛玩動物飼養管理士、ペット栄養管理士、ヒトと動物の関係学会会員。

監修
三輪恭嗣 ……みわ・やすつぐ

みわエキゾチック動物病院院長。宮崎大学獣医学科卒業後、東京大学付属動物医療センター（VMC）にて獣医外科医として研修。研修後、アメリカ、ウィスコンシン大学とマイアミの専門病院でエキゾチック動物の獣医療を学ぶ。帰国後VMCでエキゾチック動物診療の責任者となる一方、2006年にみわエキゾチック動物病院開業。

写真
井川俊彦 ……いがわ・としひこ

東京生まれ。東京写真専門学校報道写真科卒業後、フリーカメラマンとなる。1級愛玩動物飼養管理士。犬や猫、うさぎ、ハムスター、小鳥などのコンパニオン・アニマルを撮り始めて20年以上。『新・うさぎの品種大図鑑』『ザ・リス』『ザ・ネズミ』（以上小社刊）、『図鑑NEO どうぶつ・ペットシール』（小学館）など多数。

STAFF
装丁・本文デザイン──鈴木朋子
イラスト──大平いづみ
編集協力──前迫明子

飼い方の基本から
コミュニケーションまでわかる

Perfect Pet Owner's Guides

デグー
完全飼育

2015年8月20日　発　行　　　　　NDC489
2021年11月1日　第6刷

著　　者──大野瑞絵 (おおのみずえ)
発　行　者──小川雄一
発　行　所──株式会社 誠文堂新光社
　　　　　　〒113-0033 東京都文京区本郷3-3-11
　　　　　　電話03-5800-5780
　　　　　　https://www.seibundo-shinkosha.net/

印刷・製本──図書印刷 株式会社

©Mizue Ohno / Toshihiko Igawa. 2015　　Printed in Japan

本書記載記事の無断転用を禁じます。

落丁本・乱丁本の場合はお取り替え致します。

本書の内容に関するお問い合わせは、小社ホームページのお問い合わせフォームをご利用いただくか、上記までお電話ください。

[JCOPY] <（一社）出版者著作権管理機構 委託出版物>
本書を無断で複製複写（コピー）することは、著作権法上での例外を除き、禁じられています。本書をコピーされる場合は、そのつど事前に、（一社）出版者著作権管理機構（電話 03-5244-5088／FAX 03-5244-5089／e-mail:info@jcopy.or.jp）の許諾を得てください。

ISBN978-4-416-61512-6

SEIBUNDO SHINKOSHA